# MATÉRIAUX

pour la

# CARTE GÉOLOGIQUE

## DE L'ALGÉRIE

MM. POMEL et POUYANNE, Directeurs

**2ᵉ SÉRIE**

STRATIGRAPHIE. — DESCRIPTIONS RÉGIONALES

N° 2

## Les Terrains Miocènes du Bassin du Chélif et du Dahra

PAR

# A. BRIVES

DOCTEUR ÈS SCIENCES

ALGER

IMPRIMERIE FONTANA & Cⁱᵉ, RUE D'ORLÉANS

1897

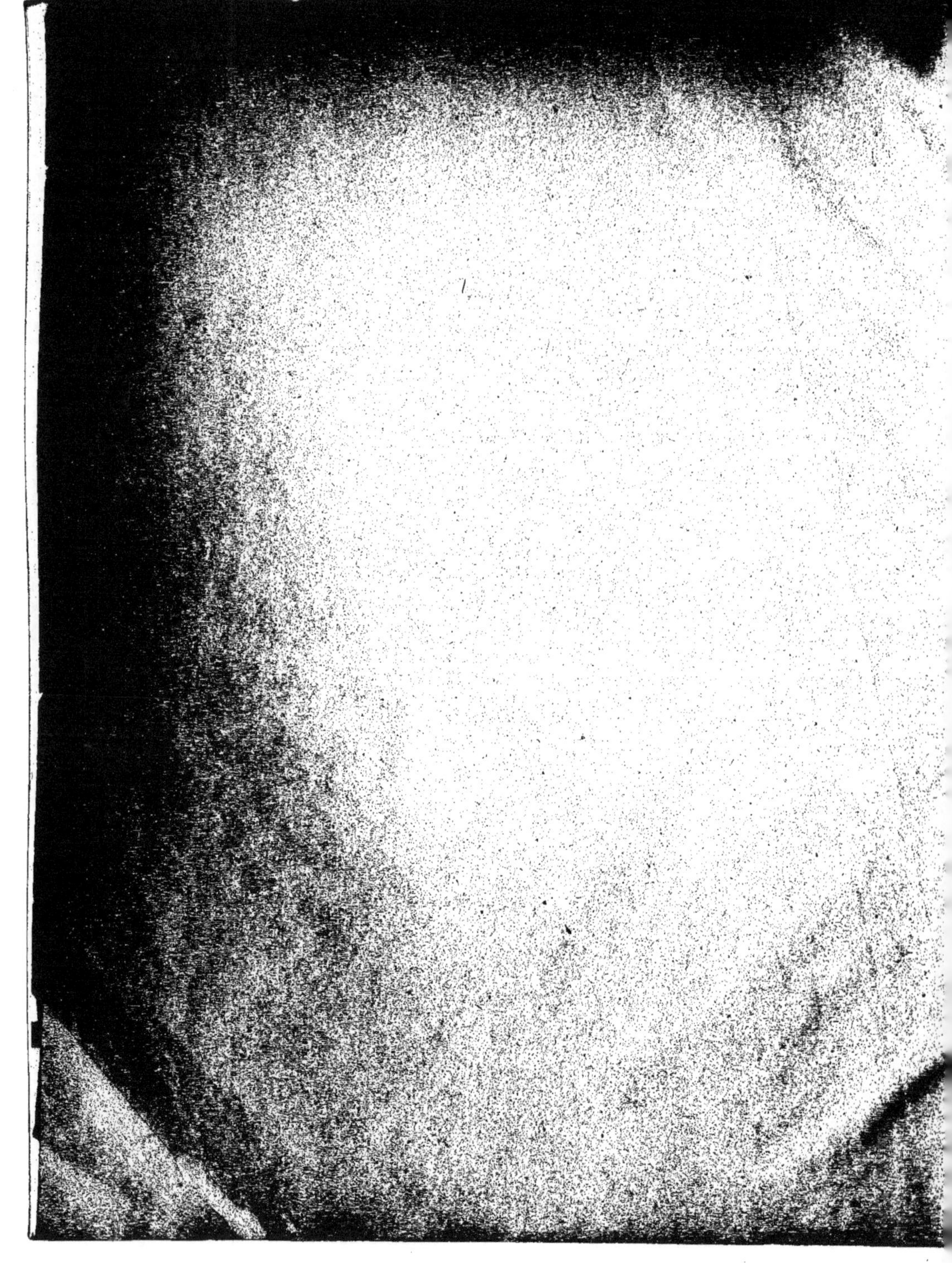

# MATÉRIAUX

POUR LA

# CARTE GÉOLOGIQUE

## DE L'ALGÉRIE

MM. POMEL et POUYANNE, Directeurs

2ᵉ SÉRIE

## STRATIGRAPHIE. — DESCRIPTIONS RÉGIONALES

Nᵒ 2

## Les Terrains Miocènes du Bassin du Chélif et du Dahra

PAR

### A. BRIVES

DOCTEUR ÈS SCIENCES

ALGER

IMPRIMERIE P. FONTANA & Cⁱᵉ, RUE D'ORLÉANS, 29

1897

# DESCRIPTION STRATIGRAPHIQUE
## DU
# BASSIN DU CHÉLIF ET DU DAHRA

PAR

## A. BRIVES

DOCTEUR ÈS SCIENCES

# INTRODUCTION

Les terrains tertiaires, en Algérie, présentent une grande complexité d'assises, de facies variés avec des récurrences de couches d'aspect identique qui nécessitent une étude approfondie et poursuivie de proche en proche. M. Pomel a, le premier, reconnu et nettement caractérisé les différentes divisions stratigraphiques et, depuis l'époque où ses conclusions ont été posées, les observations les plus détaillées n'ont fait que confirmer les divisions établies par mon savant maître. Dans ces dernières années, quelques mémoires intéressants ont apporté des faits nouveaux rendant possible l'assimilation avec les divisions établies dans le bassin méditerranéen. Nous sommes obligé de reconnaître que ces études n'ont été faites que sur quelques points isolés les uns des autres, les résultats obtenus ont été généralisés sans tenir suffisamment compte des renseignements que pouvait fournir l'étude des faunes.

Dans ce travail, je me propose d'exposer le résultat de mes études détaillées sur les terrains néogènes, dans la région du Chélif. J'indiquerai d'abord les résultats obtenus par l'observation purement stratigraphique ; je montrerai ensuite que les faunes confirment ces données et permettent l'assimilation de la classification établie par M. Pomel avec celle qui est admise en Europe.

Les études sur le terrain ont servi à établir les cartes géologiques détaillées au $\frac{1}{50.000}$ pour le service de la carte géologique de l'Algérie ; aussi qu'il me soit permis d'exprimer ici toute ma reconnaissance à MM. Pomel et Pouyanne, Directeurs du service de la carte, qui ont bien

6

voulu me confier ce travail et qui, avec leur bienveillance habituelle, m'ont
facilité l'accès d'une région difficile à parcourir faute de gîtes. Ces études
sur le terrain sont le résultat de nombreuses courses faites pendant le
cours de plus de quatre années (1893-1897).

M. Pomel a droit à tous mes remerciements pour les nombreux documents inédits qu'il a bien voulu me communiquer et pour les conseils
qu'il n'a cessé de me donner sur cette région qu'il a si bien étudiée.

Les travaux de Laboratoire ont été faits, en grande partie, sous la
bienveillante direction de M. Ficheur, dont la compétence en matière de
géologie algérienne m'a toujours été d'un grand secours. Grâce à lui, j'ai
pu réunir les matériaux nécessaires à cette étude et pu étudier ainsi les
faunes de tous les gisements néogènes connus en Algérie. La comparaison
des faunes algériennes avec celles des gisements classiques d'Europe a
été faite au Laboratoire de géologie de l'Université de Lyon. L'étude
comparée de la faune de Carnot y a été faite avec tout le soin et la préci-
sion que comportent un tel sujet. M. Depéret, avec sa bienveillance
habituelle, a non seulement mis à ma disposition toutes les belles collections de son Laboratoire, mais a bien voulu s'intéresser à mon travail et
me guider dans mes déterminations. Aussi est-ce avec la plus vive reconnaissance que je me permets d'exprimer ici à MM. Depéret et Ficheur
mes plus sincères remerciements, car c'est à leurs conseils et à leur
savoir que je dois d'avoir pu faire une étude aussi détaillée et aussi
complète.

Je prie M. Ferrand d'agréer mes plus vifs remerciements pour tout le
soin qu'il a apporté dans la gravure des planches de ce travail.

Ce mémoire comprendra en détail l'étude du Dahra et de la vallée du
Chélif dont j'ai relevé toutes les cartes au $\frac{1}{50.000}$. De nombreuses courses
faites dans d'autres régions de l'Ouest, m'ont permis de constater les
mêmes résultats que dans la région du Dahra.

Après un exposé sommaire des formations crétacées, je suivrai de
proche en proche la série des terrains néogènes de l'Est à l'Ouest, à
partir du bassin d'Hammam-R'irha et suivant la vallée du Chélif jusqu'à
l'embouchure de ce fleuve qui forme la terminaison à l'Ouest du Dahra
oranais. J'indiquerai ensuite les plissements principaux qui ont affecté
cette région, en cherchant à reconstituer les limites probables des mers à
chacune des époques de cette période néogène; je terminerai par l'étude
des faunes des différents étages.

# CHAPITRE PREMIER

# APERÇU GÉOGRAPHIQUE

Le Dahra étant la région que j'ai étudiée plus spécialement, celle qui m'a servi de base pour arriver aux résultats exposés dans ce Mémoire, je vais en tracer, avec quelques détails, un aperçu géographique :

« *Au Nord-Est de la province d'Oran, dans l'angle aigu formé par la côte et le cours du Chélif, se trouve un pays encore très peu connu et où la colonisation n'a pas pénétré. La partie orientale de ce territoire forme une subdivision administrative appelée le Caïdat du Dahra.* »

Ainsi s'exprimait M. le capitaine G. Bourdon[1], au début de l'année 1871.

Cette phrase est encore vraie aujourd'hui. Depuis cette époque, rien n'a été fait pour cette région si riche et d'un accès si facile, sauf cependant dans ces dernières années, où il semble que l'on se soit enfin aperçu qu'il s'y trouvait d'excellentes terres dont la colonisation pourrait tirer le plus grand profit. La construction de la route du littoral va enfin permettre la pénétration dans cette belle région, où les moyens de communication manquent totalement. La création du centre de Lapasset sera probablement suivie de bien d'autres qui donneront un peu de vie à cette région, qui s'étend depuis Cassaigne jusqu'à Ténès, c'est-à-dire de plus de 100 kilomètres de long.

Qu'est-ce donc que le *Dahra* ?

On désigne sous ce nom toute la région située au Nord de la plaine du Chélif et comprise entre Miliana et Mostaganem. Ce terme de *Dahra* vient du mot arabe *dahr*, qui signifie *dos*.

Le Dahra n'est pas autre chose, en effet, qu'un énorme dos de terrain, qui se détache du massif de Miliana et se poursuit dans l'Ouest entre la large dépression de la plaine du Chélif au Sud, et la mer au Nord.

Le Dahra, ainsi défini, comprend :

1° Une région montagneuse, forestière, dont les crêtes dépassent souvent 1,000 mètres d'altitude, qui constitue les massifs de Miliana, de Ténès et des Baäch ;

1. G. Bourdon : *Etude géographique sur le Dahra ; Bull. Soc. de Géographie*, 1871.

8

2° Une zone moyenne en bordure de la précédente, peu accidentée, atteignant à peine 700 mètres d'altitude, formant une suite de plateaux, horizontaux dans l'Ouest, plus ou moins inclinés vers la plaine du Chélif dans l'Est. Cette zone, par contraste avec la première, est généralement nue, sans autre végétation que des touffes de palmiers nains, de jujubiers sauvages, d'asperges et de cistes ; de distance en distance, quelques petits bois d'oliviers ;

3° Une région basse constituée par la plaine du Chélif.

## OROGRAPHIE

### 1° Région montagneuse.

MASSIF DE MILIANA. — Ce massif, dont M. Pomel a déjà donné une excellente description[1], est constitué par une arête centrale très pittoresque et très élevée, qui se détache du massif des Zaccars et qui se poursuit vers l'Ouest, chez les Beni-M'nacer, sous le nom de *grande crête (Sra Kebira* des indigènes). Le point culminant atteint 1,400 mètres au Djebel Bou-Amran).

Cette arête est un peu en dehors de l'axe même du Dahra, mais s'y rattache par une crête élevée (1,000ᵐ) qui se développe chez les Beni-Ferah. La terminaison vers l'Est du *dos* qui caractérise notre région est, en effet, la *Sra des Zatyma,* qui double pour ainsi dire la Sra Kebira. Sa direction parallèle à celle de la côte est sensiblement Est-Ouest. Son altitude moyenne dépasse 1,000 mètres et elle est brusquement interrompue à l'Ouest par la profonde découpure de l'*Oued Damous*.

De cette arête centrale se détachent de nombreux chaînons. Sur le flanc Nord, les contreforts sont nombreux, parallèles entre eux, tous dirigés vers le Nord ; ils s'abaissent rapidement et viennent se terminer par un escarpement rocheux qui domine la mer, donnant lieu à une côte abrupte à peine découpée de quelques petites baies peu hospitalières. Ceux qui se détachent du versant opposé présentent, au contraire, une direction S.-O. bien marquée, se maintiennent à une altitude moyenne de 800 mètres et viennent s'arrêter brusquement aussi, de façon à dominer la région basse de la plaine du Chélif, depuis Kherba jusque chez les Tachta. Tout ce massif des Zatyma, comme celui de Beni-M'nacer, d'ailleurs, est une région schisteuse très accidentée, coupée de profonds ravins ; véritables torrents sur le flanc Nord, rivières plus tranquilles et plus importantes

1. POMEL, *Descript. géol. du massif de Miliana*, 1872.

sur le versant du Chélif. De belles forêts couvrent, en grande partie, ce massif, et, là encore, l'opposition des deux versants se manifeste d'une manière frappante. Tandis que, sur le versant Nord, domine le Pin d'Alep, sur le versant Sud, au contraire, ce sont les Chênes (chêne-liège, chêne-zeen). Cette différence de répartition est non seulement due à la situation géographique, mais aussi à la constitution géologique du sol : le versant Nord est surtout calcaire (Sénonien), le versant Sud surtout siliceux (Gault).

MASSIF DES BENI-HIDJA ET DE TÉNÈS. — Ce massif, qui n'est séparé de celui de Miliana que par la découpure de l'Oued Damous, en est la continuation directe vers l'Ouest. L'axe de la chaîne se relève très vite chez les Beni-Aquil et atteint au *Djebel Bissa* son point culminant à 1,150 mètres. Les contreforts qui se détachent vers le Nord présentent les mêmes particularités que ceux de la Sra des Zatyma ; là aussi la côte est escarpée, mais quelques baies plus pittoresques la découpent. Sur le flanc Sud, en dehors du *Djebel Taklout* (1,041ᵐ), qui sert de liaison avec le massif de Miliana, et qui s'avance comme un éperon chez les Beni-Râched, il n'existe aucun contrefort bien distinct de la masse centrale. C'est plutôt un vaste plateau, profondément raviné, dominant à la hauteur de Flatters la région des Beni-Rached et des Heumis.

Ce massif est encore plus forestier que le précédent, mais ici les formations gréseuses du Danien étant très développées, ce sont surtout les chênes qui dominent, même sur le versant maritime. Le pin a complètement disparu ; on ne le retrouve plus qu'aux environs de Ténès où des sédiments calcaires (miocène) occupent une large étendue.

Vers l'Ouest, ce massif est interrompu par la dépression de l'Oued Allala et de ses affluents.

MASSIF DES BAACH ET DES OULED-ABD-ALLAH. — A l'Ouest de Ténès, la chaîne longe la côte, se maintient à une faible altitude jusqu'à l'Oued Tarzout. Elle est constituée, dans cette partie, par deux chaînons parallèles, séparés par la dépresssion de l'Oued Amri à l'Est et celle de l'Oued Bou-Dada à l'Ouest, réunis dans leur partie centrale par un plateau peu élevé chez les Beni-Tamou. Le chaînon du Nord conserve une altitude moyenne de 5 à 600 mètres, atteint au Bou-Messaoud 747 mètres, puis s'élève rapidement chez les Talassa. Il subit, en ce point, une inflexion brusque vers le Sud, inflexion que présente aussi la côte à la hauteur de l'île Colombi, et forme alors une crête élevée dirigée Nord-Sud et constituée par le *Tachabant* (710ᵐ), le *Djebel Sabor* (827ᵐ), le *Djebel Moura* et atteint le second chaînon au *Djebel Baâche* (820ᵐ). Le chaînon méridional borde la vallée de l'Oued Allala, s'élève insensiblement à partir de Cavaignac, pour former le *Djebel Ez Zane* (545ᵐ), puis atteint rapidement 800 mètres au *Djebel Oumchache* et vient enfin se souder à la chaîne principale, au Djebel Baâche. A partir de ce point, l'ensemble du massif montagneux s'abaisse insensiblement et vient se terminer dans la grande courbe de l'Oued Kramis à l'altitude de 500 mètres environ. Quelques pics isolés se relèvent cependant encore à une altitude élevée, pour garder à cette dernière partie le caractère forestier de l'ensemble de la chaîne ; tels sont : le *Djebel Hallouda* (816ᵐ), le *Djebel Srim* (795ᵐ), le *Yachta* (785ᵐ). Toute cette chaîne littorale, depuis Ténès, est encore plus pittoresque que les massifs précédents. Ce qui en fait surtout le charme, c'est l'existence des gorges magnifiques qui entaillent la chaîne, la découpant même pour permettre aux rivières d'atteindre la mer ; telles sont : les gorges de Ténès et celles de Tarzout. Les forêts sont encore très développées et caractérisées par les chênes (chêne-liège, chêne vert) ; elles se maintiennent de préférence sur les crêtes élevées et descendent rarement au-dessous de 600 mètres. Sur le bord même de la mer, la présence de sédiments miocènes plus calcaires permettent l'existence de belles forêts de pins d'Alep aux environs de Ouzidane et dans les Ouled Bou-Frid. La côte conserve son caractère sauvage et inhospitalier ; plus de véritables baies, à peine quelques petites plages abordables par le beau temps. Le seul port un peu important est celui de Ténès, d'un accès difficile en temps ordinaire, impraticable par les mers un peu grosses.

Au point de vue géologique, cette région montagneuse présente une individualité bien marquée. Elle est essentiellement constituée par les terrains anté-helvétiens. Les terrains crétacés y sont très développés en surface, mais répartis inégalement. Tandis qu'à l'Est de l'Oued Damous, les étages moyens (Gault et Cénomanien) sont bien représentés, ils manquent complètement à l'Ouest. Les étages supérieurs, au contraire (Senonien et surtout Danien), sont seuls développés vers l'Ouest, et leur constance jusqu'à l'embouchure du Chélif a contribué à donner à cette région son cachet spécial qui lui a valu le nom de Dahra. Le Dahra commence donc à l'Oued Damous et, s'il se rattache cependant au massif de Miliana, il en diffère tellement par son cachet gréseux qu'on doit certainement considérer cette rivière comme la limite Est de cette région.

### 2° Région moyenne.

Cette région borde la précédente sur toute la rive droite du Chélif, depuis Duperré jusqu'au confluent de la Mina. Là elle s'étale pour former : au Sud, le plateau de Mostaganem ; au Nord, celui de Ouillis qui contourne la zone forestière et s'étend sur le versant maritime jusqu'à l'Oued Kramis.

Beni-Ghomerian. — Chez les Beni-Ghomerian, cette région est constituée par un plateau gréseux incliné de 7 à 8° vers le Chélif, se relevant un peu sur la rive gauche du fleuve, de façon à indiquer la continuation du grand synclinal helvétien du Gontas.

Ce premier plateau débute à l'Oued Ebda et vient se terminer à l'Oued Taria, en se relevant un peu dans sa partie centrale, pour former le kef Eddis. Il est entièrement constitué par les grès helvétiens à *ostrea crassissima.*

Beni-Rached. — A Carnot commence un second plateau également gréseux, superposé au précédent. Il émerge des formations quaternaires de la plaine au marabout Sidi-Abd-el-Aziz et s'étend en bordure de la plaine jusqu'auprès d'Orléansville. Dans sa partie centrale, chez les Beni-Rached, au Nord de l'Oued Fodda, ce plateau s'étale sur les deux rives du Chélif, formant une légère dépression dans laquelle ce fleuve s'est creusé un lit encaissé, qui a permis l'établissement d'un barrage.

Cette superposition de deux plateaux gréseux se retrouve dans toute la vallée du Chélif. Vers l'Ouest, dans la partie comprise entre Inkermann et Rélizane, les érosions ayant démantelé en partie le plateau supérieur, c'est l'inférieur qui constitue toute la bordure de la plaine au Sud.

Medjadja. — Le plateau des Medjadja, plus incliné que celui des Beni-Rached, en est la continuation directe vers l'Ouest. Il en est séparé par l'Oued Bouni, dépression qui entame profondément les couches gréseuses et qui permet ainsi de bien juger de leur continuité.

Ce plateau est limité vers l'Ouest par l'Oued Ouaran.

Tadjena. — Séparé du plateau de Medjadja par la forte dépression de l'Oued Ouaran, celui de Tadjena s'y rattache par quelques lambeaux gréseux qui témoignent de son extension avant les érosions actuelles. Ici le plateau est moins régulier et comprend deux parties : l'une très inclinée en bordure de la plaine chez les Ouled-Farès ; l'autre presque horizontale, c'est le plateau de Tadjena proprement dit. Cette dernière partie présente, par suite de la nature argileuse du substratum, une série de glissements qui ont amené la couverture gréseuse dans les positions les plus variées. Aussi, il n'est pas rare de voir, notamment sur les bords de l'Oued Bou-Hamela, les grès pliocènes présenter des plongements plus ou moins accusés dans toutes les directions et même des renversements. Ce phénomène est fréquent dans tout le Dahra et résulte uniquement de glissements locaux et récents, et il ne faudrait pas voir là la preuve de mouvements orogéniques importants. Ce plateau, en partie effondré et démantelé, s'étend sur toute la région comprise entre l'Oued Ouaran et l'Oued Ras.

Renault. — Aux environs de Rabelais et jusqu'à Renault, la région basse est constituée par des plateaux sableux ou calcaires presque horizontaux, profondément découpés de ravins pittoresques, continuation vers l'Ouest de celui de Tadjena et qui s'étendent ainsi le long de la plaine jusque chez les Tasgaït et au confluent de la Mina. En bordure même de la plaine et probablement par suite d'un affaissement, les couches sont plus inclinées et atteignent quelquefois presque la verticale comme chez les Ouled-Mallah.

Mostaganem. — Le plateau de Mostaganem s'étend depuis la dépression du Chélif au Nord, jusqu'à la Macta au Sud, entre la Mina et la mer. C'est une vaste région gréseuse, monotone et triste, bordée par une côte escarpée ne présentant aucune végétation arborescente si ce n'est aux environs de Bel-Acel où un sol un peu accidenté donne lieu à une végétation broussailleuse qui contraste vivement avec la nudité de l'ensemble. En nombre de points et principalement un peu au Nord d'Aboukir, la nature sablonneuse du sol donne lieu à la formation des dunes qui paralysent beaucoup les cultures dans cette région.

Ouillis-Achacha. — Faiblement inclinée au N. N.-E., cette région est constituée par un vaste plateau qui s'étend de la coupure du Chélif au cap Ivi et vers l'Est jusqu'à l'Oued Kramis, bordée par une côte escarpée, mais découpée de quelques petites baies sûres. Aux environs de Ouillis, la région présente le même caractère de dénudation que celle de Mostaganem, tandis que plus à l'Est, chez les Achacha, cette zone dénudée fait place à de belles plantations de figuiers et d'oliviers.

### 3° Région basse.

Plaine du Chélif. — La plaine du Chélif constitue une vaste dépression qui, de l'Est à l'Ouest, borde au Sud le massif de Miliana et le Dahra. Resserrée à la hauteur de Duperré et à celle de l'Oued Fodda, cette plaine se trouve naturellement divisée en trois parties bien distinctes.

1° La plaine d'*Affreville* ou des *Aribs*, qui commence au Djendel et présente une largeur d'environ 6 kilomètres jusqu'à l'Ouest de Littré où elle est brusquement interrompue par le promontoire du Doui.

2° La plaine des *Attafs*, comprise entre Duperré et l'Oued Fodda, moins large et plus accidentée que la précédente.

3° La plaine d'*Orléansville* et d'*Inkermann*, d'abord resserrée jusqu'à la hauteur du Merdja, puis largement étalée et atteignant une largeur de près de 15 kilomètres. C'est une région plate, dénudée, à peine parsemée de quelques plantations d'eucalyptus aux abords des villages, formant une longue bande de près de 50 kilomètres de long et bordée, au Nord et au Sud, par une arête gréso-calcaire de 5 à 600 mètres d'altitude. Considérée comme une des plus chaudes du Tell, cette plaine n'en constitue pas moins une région très fertile, surtout dans les années pluvieuses.

En résumé, le Dahra est constitué par une ligne de crêtes accidentées au Nord vers le rivage, région forestière par excellence; bordée au Sud par un large plateau ondulé, remarquable par sa nudité, qui domine la plaine du Chélif.

Les deux profils, pl. I, fig. 1 et 2, montrent cette disposition.

## HYDROGRAPHIE

De cette disposition de la ligne de partage des eaux, il résulte que tous les cours d'eau qui descendent vers le Nord directement à la mer sont peu importants. Il faut pourtant en excepter :

L'*Oued Damous*, qui prend sa source dans le massif du Bissa, coule vers l'Est jusqu'à son confluent avec l'*Oued El-Kebir*, son principal affluent, qui descend du massif des Zatyma, pour se diriger ensuite vers le Nord et se jeter dans la mer près du nouveau village de Dupleix.

L'*Oued Allalah*, qui prend sa source dans la partie Est du massif des Baâch, coule vers l'Est, reçoit de nombreux affluents importants qui descendent du massif du Bissa, se redresse vers le Nord, à la hauteur de Montenotte, coupe la ligne de partage des eaux à la faveur d'une faille dans des gorges pittoresques et vient déboucher à la mer près de Ténès.

L'*Oued Tarzout*, qui prend ce nom à partir du confluent de l'*Oued Aondek* et de l'*Oued Bou-Dada*, reçoit la plus grande partie de ses eaux par la première de ces rivières qui descend du massif des Baâch en se dirigeant vers le Nord-Est jusqu'à son confluent avec le *Bou-Dada* qui vient de l'Est, puis change brusquement de direction vers l'Ouest en changeant aussi de nom et coule dans des gorges escarpées et boisées jusque près de son embouchure.

L'*Oued Kramis* qui, sous le nom de *Oued Oukahal*, descend de la partie Ouest du massif des Ouled Abdallah, coule directement à l'Ouest jusque chez les Ouled Riah, puis au Nord à travers le plateau gréseux des Achacha et vient déboucher à la mer près du Cap Kramis. Elle reçoit comme affluents principaux : l'*Oued Gri*, qui coule au Nord de Renault dans une dépression des marnes helvétiennes, l'*Oued Deflà* qui coule dans un synclinal des grès à clypéastres et l'*Oued Sidi-Bahrti*, qui traverse les schistes verdâtres du Danien pour venir aboutir au coude de l'Oued-Kramis.

2

Les cours d'eau qui s'écoulent vers le Sud sont tous tributaires du Chélif et bien plus importants. Les principaux sont :

L'*Oued Ebda*, formé par la réunion de l'*Oued El-Had* et de l'*Oued Ferhat*, dont les nombreux affluents recueillent les eaux de la majeure partie du massif des Beni-M'nacer et des Beni-Ferah, vient se jeter dans le Chélif, en face de Duperré. C'est l'affluent le plus important de la rive droite, depuis les gorges d'Amoura jusqu'à la mer.

Les Oueds *El-Arch, Kramis, Boukalli, Taria* bien moins importants, prennent leur source dans le massif crétacé des Braz et des Tachta, coulent sensiblement du Nord au Sud, traversent la zone dénudée miocène et se jettent dans le Chélif dans la partie comprise dans la plaine des Attafs.

L'*Oued Ouaran*, qui descend du massif des Beni-Derdjine et qui reçoit d'autre part les eaux d'une partie du plateau de Tadjena, coule directement à l'Ouest jusque près des Heumis, puis s'infléchit vers le Sud, traverse les grès et sables pliocènes, reçoit près de Warnier un affluent important, le *Chabet-el-Habid*, et vient se jeter dans le Chélif, près de Malakoff.

L'*Oued Ras*, qui prend sa source dans le massif des Baach et dont les nombreux affluents (Oued Bou-Hamela, Oued Sidi-Meurzoug, Oued Meroui) entament profondément les plateaux pliocènes de Tadjena et de Rabelais, coule sensiblement du Nord au Sud et aboutit au Chélif, au Nord du village de Charon.

L'*Oued Ouarizane*, moins important par son cours, mais beaucoup plus par son utilité, descend des plateaux helvétiens de Mazouna. Il coule sensiblement du Nord au Sud, mais se perd, avant d'arriver au Chélif, dans les alluvions de la plaine. Une faible quantité d'eau, d'ailleurs, arrive jusqu'à la plaine, car elle est canalisée et sert à l'arrosage des jardins magnifiques échelonnés de chaque côté de l'Oued. C'est l'unique rivière du Dahra qui soit ainsi utilisée, et c'est par les indigènes de Mazouna qui sont ainsi les seuls jardiniers de la région.

L'*Oued Tharria* et l'*Oued El-Razzaz*, qui coulent parallèlement depuis la crête crétacée jusqu'à la plaine, découpant par leurs affluents les plateaux sahéliens de Renault, se jettent dans le Chélif un peu avant le confluent de la Mina. Leur traversée des masses gypseuses donne lieu à des escarpements remarquables très pittoresques.

De la Mina à son embouchure, le Chélif ne reçoit aucun affluent suffisamment important pour être signalé.

# CHAPITRE II

# STRATIGRAPHIE GÉNÉRALE

## CLASSIFICATION DES FORMATIONS GÉOLOGIQUES DU DAHRA

TERRAINS QUATERNAIRES.... { *Récent.* } *Plages soulevées.*
{ *Ancien.* }

TERRAINS PLIOCÈNES........ { *Pliocène récent.*
{ *Pliocène ancien.*

TERRAINS MIOCÈNES........ { *Sahélien.*
{ *Helvétien.*
{ *Cartennien.*

TERRAINS OLIGOCÈNES ?..... | *Aquitanien ?*

TERRAINS EOCÈNES.......... | *Eocène moyen : Etage A.*

TERRAINS CRÉTACÉS......... { *Danien.*
{ *Sénonien.*
{ *Cénomanien.*
{ *Gault.*

TERRAINS D'AGE INDÉCIS.... { *Calcaires du cap Ténès.*
{ *Schistes et calcaires du Doui.*

Nous étudierons d'abord succinctement les formations les plus anciennes. Pour les terrains néogènes, nous emploierons le système d'étude par coupes successives, qui nous a paru préférable, en ce qu'il montre mieux les relations des divers étages ainsi que les changements de faciès qui sont nombreux dans ces formations. L'extension de chacune de ces formations fera, d'ailleurs, l'objet d'un chapitre spécial, où il sera traité de la pénétration des mers néogènes.

### § 1er. — SCHISTES ET CALCAIRES DU DOUI

La formation la plus ancienne qui se montre dans le Dahra est constituée par des schistes verdâtres, quelquefois violacés, souvent intercalés de petits bancs blanchâtres et de gros bancs de quartzites qui prédominent dans les couches supérieures.

Au-dessus se montre une puissante assise de calcaire (100ᵐ) généralement cristallin et marmoréen, souvent veiné de bleu et de rouge, quelquefois dolomitique, renfermant des poches d'hématite rouge, qui passe, à sa partie inférieure à un calcaire marneux bleu qui se délite en grandes dalles qui sont employées par les indigènes, sous le nom de sfa, pour la construction de leurs tombes.

L'âge de cette formation est encore indécise. Alors que M. Pomel la classe dans le crétacé inférieur, M. Repelin y voit l'équivalent des schistes d'Oran, ce qui les placerait à la base des terrains secondaires [1]. J'espérais pouvoir en fixer définitivement l'âge par la présence de *phylloceras* dans les parties marneuses de la base des calcaires, mais ces fossiles, soumis au bienveillant examen de M. Sayn, ne sont pas suffisamment caractérisés pour être déterminés. Ce sont de jeunes *phylloceras* recueillis au Sud du village de l'Oued Rouïna, sur le chemin qui passe un peu à l'Ouest du télégraphe aérien. A l'Ouest de Duperré, les calcaires renferment, en assez grande abondance, des sections d'*encrines* malheureusement indéterminables. La présence de ces fossiles ne permet pas de descendre ces calcaires au-dessous du Lias.

Cette formation, qui constitue la majeure partie des massifs du Zaccar et du Douï, encadre la plaine des Attafs. Sur la bordure Sud, elle est représentée, en dehors du Douï, par une bande presque continue qui passe un peu au Sud de l'Oued Rouïna, de Saint-Cyprien-des-Attafs et va rejoindre le Djebel Témoulga où M. Repelin l'a étudiée dans son travail de thèse.

Sur la bordure Nord, elle est moins visible et n'apparaît que dans quelques fonds de ravins chez les Braz, jusqu'à la hauteur de l'Oued Khamis.

### § 2. — CALCAIRES DU CAP TÉNÈS (Lias moyen)

Le cap Ténès est constitué par une énorme masse calcaire sans fossiles, dans laquelle la stratification est difficile à indiquer, mais qui semble formée de bancs presque verticaux d'un calcaire compacte, identique à

---

1. Repelin. *Thèse pour le Doctorat*, 1895.

celui qui, dans les gorges de l'Isser et dans le Djurdjura, a été attribué
au lias moyen. C'est à ce même étage que les calcaires du cap Ténès
doivent être rapportés, sans pourtant en avoir d'autres preuves que le
facies. Comme en Kabylie, cette formation est en relation de contact avec
l'éocène ; on peut y voir une preuve de l'analogie de ces calcaires avec
ceux du lias moyen de Kabylie, auxquels ils se relient, d'ailleurs, par les
lambeaux du Chénoua et du Bou-Zegza. *(Voir Pl. IV, fig. 1)*.

### § 3. — TERRAINS CRÉTACÉS

Les terrains crétacés qui constituent l'ossature du Dahra et qui se présentent surtout développés dans l'Est, constituent la majeure partie des
massifs de Miliana et de Ténès. Ils se présentent dans cette région, où ils
sont peu caractérisés par l'absence de faune, avec le même facies que
dans tout le Nord du Tell de l'Algérie, jusqu'en Kabylie, où M. Ficheur les
a particulièrement bien étudiés et où ils sont nettement caractérisés par
la présence de nombreux fossiles.

Leur étude dans le Dahra permet de constater les faits stratigraphiques
les plus importants qui se rattachent à leur histoire, à savoir : la concordance parfaite du Gault et du Cénomanien ; l'impossibilité de distinguer
lithologiquement le Turonien et de le séparer des étages précédents ;
enfin, la transgressivité importante et la discordance du Sénonien.

**Gault.** — Cet étage, nettement caractérisé par son facies tout spécial,
se montre surtout bien développé dans le massif de Miliana, et M. Pomel,
qui l'a bien étudié, en donne la description suivante[1] : « A Miliana, toute
« la chaîne des Aribs et tout le revers méridional de la chaîne des Braz
« le montrent (le Gault) formé d'argiles brunes, gréseuses, alternant en
« petits lits avec de petits bancs quartziteux, renfermant des lignes de
« rognons d'hydroxyde de fer. A divers niveaux, on y trouve des masses
« puissantes de grès quartziteux d'apparence sporadique et se reliant
« presque brusquement avec les couches rubanées dans lesquelles elles
« constituent une concentration d'apports sableux. Les parties supérieures
« sont peu ou point gréseuses. A Miliana, il y en a plus de 300 mètres
« d'épaisseur visible d'aspect uniforme, sauf les masses quartziteuses. Au
« voisinage de la partie supérieure, j'ai récolté *Belemnites minimus* Lister,
« *Nautilus Clementi* d'Orb., *Ammonites mamillaris* Schloth., *Am. Beudanti*
« Brong., *Am. Mayorianus* d'Orb., *Hemiaster* et *Toxaster* inédits. »
Cet étage ainsi constitué se poursuit au Nord de la plaine du Chélif

1. Pomel. Texte explic. Carte géol. au $\frac{1}{800.000}$, 1839.

jusque chez les Tachta et ne semble pas dépasser, vers l'Ouest, l'Oued Damous. Au Nord, il s'arrête à la grande crête *(Sra)* des Zatyma, dont il constitue tout le flanc Sud. Vers l'Est, il se relie par les Soumata et le massif de Mouzaïa au massif de Blida, dans lequel il présente toujours le même faciès caractéristique. Il apparaît, dans la partie Est du Dahra, comme constituant généralement toutes les dépressions entre les crêtes calcaires du Cénomanien et donne lieu à un sol forestier par excellence, caractérisé surtout par la présence des chênes.

**Cénomanien.** — En concordance avec l'étage précédent, le Cénomanien s'en distingue facilement par sa composition bien différente.

Cet étage est, en effet, essentiellement calcaire. Il comprend, à la base, une cinquantaine de mètres de calcaire marneux se délitant en plaquettes avec intercalation de quelques bancs plus durs ; on y trouve tout à fait à la base, sur les plaquettes, le

*Schl. inflata* Sow. sp.

très abondant et dans les parties plus compactes :

*Terebratula Nicaisei* Coq.

Ces calcaires sont surmontés de 100 à 150 mètres de marnes brunâtres dans lesquelles des bancs calcaires se présentent à tous les niveaux.

Cet étage forme chez les Braz plusieurs crêtes importantes et se présente dans toute cette région comme fortement pincé dans les argiles schisteuses du Gault. C'est avec les mêmes caractères et les mêmes relations avec l'étage inférieur que le Cénomanien se montre dans tout le massif de Miliana chez les Beni-M'nacer et les Zatyma. La grande crête ou Sra des Zatyma est couronnée par ces calcaires feuilletés qui sont ainsi disposés en une longue bande dirigée Est-Ouest et qui vient se terminer à la coupure de l'Oued Damous par le Djebel Taksebt. Au Nord de cette crête, cette formation n'est plus représentée que par des traces et est recouverte en discordance par le Sénonien. A l'Ouest de l'Oued Damous, le Cénomanien n'est pas très développé et n'est visible que jusque chez les Beni-Aquil, où il affleure dans quelques fonds de ravin, par suite de l'érosion des couches sénoniennes.

Cet étage, par la présence des bancs durs qui le constituent en partie, est le seul qui puisse donner une indication précise des plissements qui ont affecté cette région. La tectonique de ce massif des Zatyma est donc tout entière contenue dans son étude, qui est singulièrement facilitée par les escarpements rocheux qui résultent de la présence de ces bancs calcaires au-dessus des schistes du Gault.

**Turonien.** — Cet étage semble, au moins dans la région Nord du Tell, ne pas devoir se séparer du précédent. Rien dans la composition lithologique ne permet de séparer les couches qui pourraient être turoniennes de celles qui sont franchement cénomaniennes. Les éléments paléontologiques manquant entièrement, on ne peut avancer d'une façon certaine l'existence de couches turoniennes dans cette partie du Tell. Dans la vallée de l'Oued Djer, on ne peut cependant nier l'existence de cette formation. La présence de l'*Am. Deverianus*, trouvée par M. Pomel dans les déblais du troisième tunnel du chemin de fer, indique d'une façon certaine le turonien et cependant la composition lithologique est identique à celle des couches à *Schlœnbachia inflata* et ne paraît pas devoir en être séparé. Autrement dit, le Turonien semble exister dans le massif de Miliana, mais il est impossible de le séparer du Cénomanien avec lequel il concorde et présente la même nature lithologique.

**Sénonien.** — Les dépôts marneux du Sénonien occupent, dans toute cette région, une étendue considérable. Ils forment, en effet, une bande littorale bien nette depuis le revers Nord de la Sra des Zatyma jusqu'à l'Oued Tarzout. Une deuxième bande parallèle à la première se poursuit depuis les Tachta jusqu'auprès de Flatters où elle disparaît sous une couverture de terrains tertiaires pour réapparaître chez les Baâch et se continuer dans l'Ouest jusqu'à l'Oued Kramis, constituant toutes les dépressions des massifs de Ténès, des Baâch et des Ouled-Abd-Allah.

La composition de cet étage est la même dans toute son étendue.

Ce sont des marnes gris-bleues se délitant en petits feuillets et dans lesquelles s'intercalent, surtout à la partie supérieure, quelques bancs de calcaires marneux, jaunâtres en surface, gris dans les cassures. Des rognons de ces calcaires se retrouvent aussi à tous les niveaux dans les marnes. L'épaisseur maxima est d'environ 150ᵐ.

Les fossiles y sont assez rares et, en général, mal conservés.

Au Djebel Tsili, près Kherba, dans un îlot important, j'ai recueilli : *Bolbaster verrucosus* Coq. ;

Chez les Beni-Zioui, M. Pomel a signalé : *Ostrea vesicularis* Lmk. ;

Chez les Beni-Aquil, Nicaise signale, d'après Badynski, la présence de : *Ostrea dichotoma* Bayle ; *proboscidea* d'Arch ; *spinosa* Coq. ; *Santonensis* d'Orb. ; *Nicaisei* Coq. ; *Plicatula aspera* Sow. ;

Chez les Baâch, au Sud du bordj Chebebia : *Ostrea dichotoma* Bayle.

À l'Ouest de l'Oued Kramis, cet étage ne semble pas être représenté et il y est recouvert partout par la formation suivante :

**Danien.** — Cet étage est très largement représenté dans le Dahra et contribue à donner à cette région son caractère spécial. Il comprend :

1° A la base, des argiles schisteuses brunes avec intercalations de petits bancs quartziteux ;

2° A la partie supérieure, de gros bancs de grès siliceux violacés ou grisâtres. C'est surtout sur cette formation gréseuses que se sont développées les belles forêts de chênes : forêts des Tachta, des Bissa, des Ouled-Abd-Allah, etc.

Cette formation débute dans l'Est de notre région par une bande littorale, facile à reconnaître chez les Gouraya, et qui se poursuit en s'élargissant vers le Sud jusqu'à l'Oued Damous. Vers l'Ouest, elle constitue les parties élevées et rocheuses de toute la zone forestière depuis l'Oued Damous jusqu'à l'Oued Kramis. A l'Ouest de ce point, les formations gréseuses de la partie supérieure de l'étage sont peu développées et, depuis Cassaigne jusqu'à l'embouchure du Chélif, ce sont surtout les argiles schisteuses de la base qui forment le substratum visible de toute cette région.

Cet étage se retrouve partout dans le Nord du Tell avec ce même faciès et se poursuit ainsi vers l'Est, jusqu'à l'extrémité du Djurjura, où il a été reconnu par M. Ficheur.

## § 4. — TERRAINS EOCÈNES

Les terrains Eocènes ne sont représentés dans toute cette région que par le seul affleurement du Cap Ténès. Ils contournent au Sud les calcaires liasiques, mais ne se montrent pas au Nord sur le littoral. Ils forment ainsi une petite bande, étroite, recouverte dans toute sa longueur par le Cartennien et fortement redressée contre les calcaires du Lias moyen.

Il sont composés par :

1° Des marnes schisteuses violacées avec plaquettes de calcaires-brèches pétries de jeunes *N. aturica* ;

2° Des brèches calcaires plus compactes couronnant les marnes avec poudingues intercalés.

M. Ficheur, à qui je dois la détermination des nummulites des plaquettes, n'a pas hésité à voir là le représentant de l'Eocène moyen, étage A, tel qu'il l'a décrit dans le Djurjura et dans les environs de Dra-el-Mizan et Palestro.

Ce lambeau est intéressant, en ce qu'il est le dernier témoin, vers l'Ouest de cette formation Eocène si développée dans l'Est, à partir du massif de Blida. La présence des Nummulites avait amené à considérer les calcaires voisins comme se rapportant au Calc. Nummulitique. Mais, malgré mes recherches, je n'ai trouvé aucune trace de ces fossiles dans les calcaires dont le faciès est identique à celui des calc. de Blida et des gorges de Palestro dont l'attribution au Lias moyen est certaine depuis les beaux travaux de M. Ficheur sur cette région.

CHAPITRE III

# TERRAINS NÉOGÈNES

Afin de rendre cette étude plus rationnelle, j'étudierai successivement un certain nombre de coupes prises d'abord dans la région de Bou-Medfa, Hammam-R'irha, puis sur la bordure du massif de Miliana, enfin dans le Chélif et dans le Dahra proprement dit. Pour faciliter cette étude, j'ai réuni toutes les coupes générales, de façon à ce qu'elles se présentent dans l'ordre où je les ai relevées sur la carte en allant de l'Est à l'Ouest.

Je diviserai donc cette description en huit parties :

1° *Bassin de Bou-Medfa et d'Hammam-R'irha ;*
2° *Région d'Affreville ;*
3° *Plaine des Attafs ou Région de Carnot ;*
4° *Région des Beni-Rached et des Medjadja ;*
5° *Région des Beni-bou-Mileuk ;*
6° *Région des Cinq-Palmiers ;*
7° *Région de Renault ;*
8° *Région de Ouillis-Mostaganem.*

## § 1er. — BASSIN DE BOU-MEDFA ET D'HAMMAM-R'IRHA

Ce bassin comprend toute la région dénudée qui s'étend depuis les massifs boisés de Miliana et de Mouzaïa au Nord, à ceux également boisés de Berrouaghia et des Matmata. C'est une dépression miocène complètement entourée d'une ceinture de chaînes crétacées, sauf vers l'Ouest, où elle se continue par la plaine d'Affreville. Elle est partagée par une crête médiane qui atteint 700 mètres, constituant la chaîne du Gontas. Cette crête se détache à l'Ouest du massif de Miliana, au Djebel Ouamborg, et se poursuit avec une direction N.-E., de façon à venir se rattacher au massif de Mouzaïa, vers le coude de l'Oued Bou-Roumi. Au Sud du Gontas, la région est monotone, uniforme, constituée par un sol gréseux, sauf dans sa partie médiane où le Chélif a accumulé ses alluvions anciennes et récentes. Au

3

Nord, le pays est plus pittoresque, fortement ondulé, résultat de l'érosion de nombreux cours d'eau dont la réunion constitue l'Oued Djer. Une crête secondaire moins élevée que le Gontas, mais sensiblement parallèle à lui, se poursuit depuis Changarnier jusqu'à l'Est de Bou-Medfa, séparant ainsi la vallée de l'Oued El-Hammam de celle de l'Oued Zeboudj. Ces deux dépressions entament assez profondément les couches miocènes et permettent ainsi une étude complète de ces sédiments.

Coupe 1. (Pl. II, fig. 1)

En traversant la région suivant une ligne dirigée Nord-Sud et passant un peu à l'Ouest de Mouzaïa-les-Mines, nous pourrons observer la succession suivante :

1° Sur la crête des Beni-Mahcen, discordant sur le Gault, affleurent des *poudingues et des grès* à la partie supérieure desquels se retrouvent quelques couches à grains plus fins, gisement habituel des fossiles. A Sidi-Brahim-Berkrissa, dans ces mêmes couches, M. Repelin a recueilli un certain nombre de fossiles intéressants, dont voici la liste telle qu'il l'a publiée[1] :

*Ostrea crassissima* (type élargi) = *Ost. cartenniensis*, nov. sp.

| | |
|---|---|
| *Clypeaster bunopetalus* Pomel. | *Spondylus crassicosta* Lmk. |
| *Echinolampas cf. abbreviatus* Pomel. | *Anomia costata* Broc. |
| *Pecten Solarium* Lmk. | *Natica cf. tigrina* Grat. |

J'y ai recueilli, en outre :

*Pecten Burdigalensis* Lmk ; *Pecten Besseri* Andrz ; *Pecten Beudanti* Bast.

Ces couches passent, au Sud, sous des marnes pour reparaître dans l'Oued Bou-Roumi, formant un anticlinal bien marqué qui les fait disparaître sous les marnes précédentes. On y retrouve les mêmes fossiles, mais en plus mauvais état de conservation ;

2° Les marnes qui surmontent ces couches sont caractérisées par leur délit conchoïde ; elles sont brunes avec filonnets de calcite et présentent quelques bancs gréseux qui indiquent la stratification. Dans la vallée de l'Oued Bou-Roumi, on peut constater leur parfaite concordance avec les couches inférieures. Elles sont facilement reconnaissables aux talus escarpés qu'elles présentent ainsi qu'aux plaquettes de calcite répandues à leur surface.

L'épaisseur totale de ces deux assises atteint environ 300ᵐ sur le flanc Nord du Djebel El-Kébir, dont 100 à 120ᵐ pour l'assise gréseuse inférieure ;

3° Au dessus, une zone, argilo-marneuse, délitescente, peu épaisse,

---

1. Repelin, *Bull. Soc. Géol. Fr.*, t. XXI, 1894.

quelques mètres seulement dans la coupe, supporte une couche gréseuse plus constante, mais très variable quant à sa puissance. Cette couche se présente, sur le flanc Nord du Djebel El-Kébir, à peine inclinée au Sud avec une épaisseur de 20 à 25ᵐ, mais qui atteint à peu de distance, vers l'Est, 45 à 50ᵐ sur le flanc Est de la montagne. Ces grès se poursuivent en profondeur, se montrent à nouveau vers l'Oued El-Harch où elles affleurent sur plus de deux kilomètres de large et jusque sous Lodi. La zone inférieure marneuse présente la même répartition et vient reposer au Djebel Taskrount directement sur le Gault. Un peu à l'Est, cette même assise fait défaut, et à l'Aïn-Defla (Ouest de Lodi) on peut constater la superposition directe des grès sur le Cénomanien dont les calcaires sont percés de trous de pholades. Sur toute cette bordure, depuis Lodi jusqu'à l'Oued El-Harch, on ne constate pas la présence des deux couches inférieures si développées à la bordure Nord ;

4° L'assise gréseuse précédente passe, par suite d'intercalations marneuses, à une puissante formation de plus de 300 mètres d'épaisseur, qui constitue tout le flanc Nord du Djebel El-Kebir jusqu'un peu au-dessous de la crète ; elle réapparaît au Sud dans la dépression de l'Oued Dreicia et sur les flancs du plateau de Sidi-Ali. Ce sont des marnes parfois très argileuses, très délitescentes, présentant de nombreux glissements locaux plus ou moins importants, qui donnent au sol l'apparence d'une série de mamelons aplatis séparés par des ravins larges, jamais profondément encaissés. Cette apparence tranche d'une manière frappante avec celle des marnes de la couche 2 à ravins profonds et étroits, à talus verticaux sans trace de glissement. Aussi la limite entre ces deux séries marneuses est-elle facile à reconnaître ;

5° Les parties supérieures s'intercalent de bancs gréseux et passent à une puissante assise gréseuse qui constitue la crète du Djebel El-Kebir et le plateau de Sidi-Ali. Elle est constituée par des bancs de grès durs devenant sableux à la partie supérieure. Cette formation ne paraît pas être représentée en entier ici où elle atteint environ 80 mètres d'épaisseur.

Cette première coupe nous montre déjà deux séries de couches bien distinctes. La plus inférieure, limitée à la bordure Nord, nettement plissée dans l'Oued Bou-Roumi et correspondant aux poudingues et grès surmontés des marnes dures. L'autre, largement étalée, à peine ondulée, ne présentant qu'un léger synclinal en fond de bateau. Ces deux séries correspondent, l'inférieure au *Cartennien*, la supérieure à l'*Helvétien*, tels que mon savant maître, M. Pomel, les a établies.

COUPE 2. (Pl. II, fig. 2)

Cette coupe, prise un peu à l'Ouest de la précédente, montre sur la bordure Nord la série helvétienne constituée comme dans la coupe 1,

24

venant reposer directement sur le Gault. Sur la bordure Nord, le Cartennien n'est visible qu'un peu au Sud du marabout Si-A.-E.-K. Gadet-el-
Kebira, et on peut constater que les grès forment, en ce point, un anticlinal
aigu, ainsi que l'indique la coupe ; anticlinal qui est certainement pré-
cédé d'un synclinal invisible, correspondant à celui du Bou-Roumi de
la coupe précédente. Les marnes cartenniennes sont elles-mêmes très
développées et présentent quelques bancs gréseux qui permettent de
reconnaître un second synclinal. Le Cartennien présente donc sur cette
bordure deux plis très accusés, alors que l'Helvétien est légèrement
ondulé. Sur la bordure Sud, le Cartennien manque complètement et les
couches inférieures de l'Helvétien sont bien représentées.

Un peu au Nord du marabout Si-A.-E.-K Gadet-el-Kebira, dans l'Oued
Moula, apparaît dans les couches inférieures de l'Helvétien à la base des
grès, un facies spécial qui prend plus d'importance dans l'Ouest du
bassin ; celui des calcaires à *lithothamnium*. Ils ne sont représentés ici
que par quelques mètres d'un grès calcaire jaunâtre dans lesquels les
fossiles abondent, caractérisés surtout par l'abondance et la variété des
échinides.

M. Welsch, qui a découvert ce gisement, y signale[1] :

| | |
|---|---|
| *Brissonomorpha Welschii* Pom. | *Clypeaster acuminatus* Desor. |
| *Pliolampas Welschii* Pom. | *Clyp. Simoni* Pom. |
| *Pliol. Medfensis* Gauth. | *Clyp. Pierredoni* Pom. |
| *Echinolampas Soumatensis* Pom. | *Clyp. Soumatensis* Pom. |
| *Clypeaster pileus* Pom. | *Clyp. latus* Pom. |
| *Clyp. rhabdopetalus* Pom. | *Arbacina Welschii* Pom. |
| *Clyp. insignis* Pom. | *Pecten cf. Fuchsi* Font. |
| *Clyp. Welschii* Pom. | *Lithothamnium* Sp. |
| *Clyp. alticostatus* Pom. | |

Coupe 3. (Pl. II, Fig. 3.)

Cette coupe est prise parallèlement aux précédentes, un peu à l'Est du
village de Bou-Medfa :

1° A la base, sur le Cénomanien, dont les couches calcaires sont légèrement déversées au Sud, on trouve les poudingues et les grès *cartenniens*
fortement redressés, formant un synclinal aigu qui les fait réapparaître un
peu au Sud du Marabout Sidi-Miheub, sous l'escarpement des grès de
l'assise 3. Ce synclinal correspond à celui que nous avons déjà observé
dans l'Oued Bou-Roumi et sous le marabout Sidi A.-E.-K. Gadet El-Kebira.
Le pendage Nord de ce pli est surtout visible dans le lit même de l'Oued

---

1. WELSCH, Étude sur les subdivisions du Miocène de l'Algérie (*B. S. G.* t. XXIII, p. 271.)

Djer, un peu au Nord du cimetière de Bou-Medfa. Ce point constitue un gisement fossilifère remarquable, abondant en :

*Pereiræa Gervaisi*, Vezian.

M. Repelin y a signalé :

*Panopæa Menardi* Desh.  
*Anomia costata* Broc.  
*Pyrula cf. Lainei* Grat.  
*Solarium coracollatum* Grat.  
*Tellina planata* Lin.  
*Natica cf. tigrina* Grat.  
*Conus Mercati* Broc.

Ces fossiles se trouvent à la partie supérieure des grès, presque au contact des marnes dures qui les surmontent ;

2° Marnes à délit conchoïde, dures, un peu schisteuses sans bancs gréseux, en sorte que la stratification est peu visible et dont le facies rappelle tout à fait, d'après M. Dépéret, les marnes langhiennes ;

3° Au-dessus, les premières assises de l'Helvétien débutent par des marnes jaunâtres intercalées de bancs gréseux plongeant faiblement vers le Sud, surmontées d'une épaisseur de 50 mètres environ de grès calcaires, à la base desquels se retrouve le niveau fossilifère signalé dans la coupe précédente.

Les relations de cette assise avec les couches inférieures correspondant au Cartennien ont déjà été indiquées par M. Repelin, qui en a donné une coupe [1].

Je suis revenu moi-même sur cette interprétation et j'ai montré que la discordance signalée d'abord par cet auteur était bien exacte [2]. La zone de contact, par suite de sa nature ébouleuse, n'est pas très nette et l'on pourrait admettre là un simple redressement sur le bord, avec étirement des couches qui redeviendraient normales un peu plus au Sud. Le manque de strates dans les marnes permet, évidemment, d'admettre leur disposition en éventail ; cependant, les poudingues et grès bien stratifiés ne présentent pas cette disposition. De plus, au Sud du Marabout Sidi-Miheub, on peut constater le plongement au Sud de ces mêmes grès cartenniens. Ce fait implique une faille ou un synclinal très aigu. La faille ne saurait s'expliquer, puisqu'il n'y en a nulle trace dans les régions voisines, tandis que l'on est, au contraire, porté à admettre le pli synclinal qui, d'ailleurs, correspond au synclinal de bordure que les coupes précédentes nous ont déjà montré. La disposition des couches en éventail ne peut donc s'expliquer ici et la seule interprétation possible est celle d'une *discordance angulaire*, résultant du dépôt des couches helvétiennes sur les plis déjà accusés du Cartennien.

1. REPELIN, *Bull. Soc. Géol. Fr.* t. XXI.

2. BRIVE, *Bull. Soc. Géol. Fr. Comptes Rendus Réunion ext. Algérie*, 1896.

Les couches de l'Helvétien inférieur reparaissent en face, sur le flanc du Gontas, où elles disparaissent sous les marnes supérieures ;

4° *Marnes* absolument semblables à celles du flanc Nord du Djebel El-Kébir, encore très développées, atteignant 300 mètres de puissance et présentant, à leur partie supérieure, quelques bancs gréseux avec *Ostrea crassissima* ;

5° *Les grès et poudingues*, qui constituent toute la crête du Gontas, prolongement vers l'Ouest du Djebel El-Kébir, présentent un développement considérable sur le flanc Sud de cette crête, forment un synclinal étalé sous la plaine du Chélif pour se relever vers Amoura jusque sur le flanc du Djebel El-Kechaïd. Là, encore, on peut observer l'absence complète du Cartennien à la bordure crétacée ainsi, d'ailleurs, que celle des couches inférieures de l'Helvétien.

Un fait intéressant que montre cette coupe, au Djebel Messiouar, et surtout le long de l'Oued Tagrassel, est l'alternance, plusieurs fois répetée, de bancs gréseux à *Ostrea crassissima* et de poudingues et cela sur une épaisseur de près de 80 mètres. Les poudingues finissent cependant par dominer à la partie supérieure, de même que les grès forment plus spécialement la base de la formation.

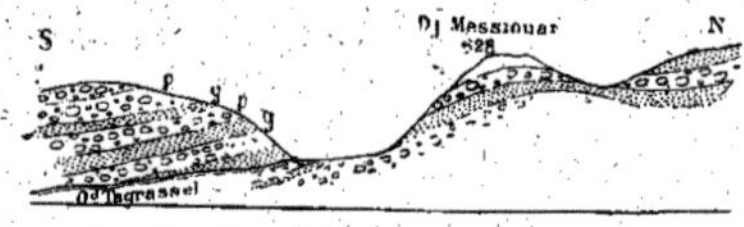


Fig. 1. — Coupe du Djebel Messiouar.

Long. : $\frac{1}{50.000}$ ; Haut. doublées.

g, Grès. — p, Poudingues.

Il en résulte qu'il n'y a là qu'une seule et même formation ; que les poudingues ne sont qu'un accident latéral des grès dû à des apports caillouteux dans cette formation littorale. Il est donc impossible de diviser cette couche en deux assises : l'une inférieure gréseuse, l'autre supérieure constituée par les poudingues. L'*Ostrea crassissima* se trouve, d'ailleurs, à tous les niveaux, même dans les poudingues.

### Coupe 4. (Pl. II, fig. 4)

Cette coupe est prise toujours parallèlement aux précédentes et passe par la gare de Bou-Medfa et le télégraphe du Gontas. Nous y retrouvons la même succession de couches avec les particularités suivantes :

1° L'assise inférieure, *grès* et *poudingues cartenniens*, fait défaut et les marnes dures reposent directement sur le crétacé.

2° *Les marnes cartenniennes*, bien développées sans stratification, constituent tout le bas fond de l'Oued Zeboudj et les premières collines des Bou-Allouane. Leur épaisseur serait considérable et inadmissible si l'on n'admettait la présence du double pli que nous avons constaté dans les coupes précédentes ; double pli que nous trouverons, d'ailleurs, bien caractérisé plus à l'Ouest.

3° L'assise inférieure de l'*Helvétien* présente ici, sur la rive gauche de l'Oued Djer, un pli synclinal très pincé. Ce pli correspond à celui que nous avons observé dans la coupe précédente. L'acuité de ce pli, toute locale, puisqu'elle n'existe plus à quelques centaines de mètres à l'Ouest, me paraît le résultat d'un effondrement local causé par les érosions de la rivière qui entame ces couches obliquement. On peut constater, en effet, en ce point seulement, sur quelques centaines de mètres, que les assises de nature ébouleuse, marno-gréseuses de la base, manquent et que la partie supérieure gréseuse repose directement sur les marnes cartenniennes. J'admets donc, en ce point, que ces couches marno-gréseuses, en partie enlevées par la rivière, ont pu produire un affaissement général des couches gréseuses ; les parties les plus au Nord ont rencontré d'abord les marnes dures, résistantes du Cartennien et se sont arrêtées dans leur mouvement, tandis que la partie centrale a continué à s'effondrer dans le synclinal cartennien plus aigu.

A 200 mètres à l'Ouest de ce point, se retrouve la série complète des couches avec la zone à *lithothamnium* plus développée que dans la coupe précédente. Ici, cette zone devient plus marneuse avec *lithothamnium* en nodules ; on y trouve aussi de nombreux bryozoaires et la *Terebratula biplicata* abondante. Au pont de l'Oued Djer, dit Chez-Granger, on peut relever la coupe suivante :

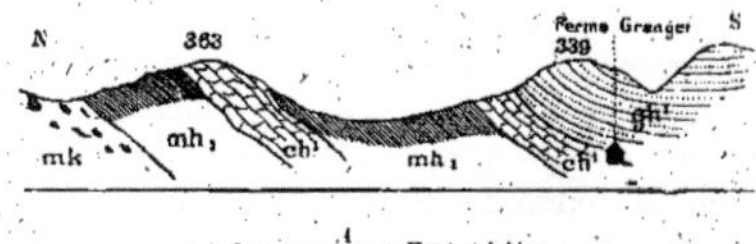

FIG. 2. — Coupe du pont Chez-Granger.



mk, Marnes cartenniennes. — mh¹, Marnes helvétiennes. — ch¹, Lentilles de calcaires à lithothamnium. — gh¹, Grès helvétiens inférieurs.

On peut remarquer que les calcaires à *lithothamnium* occupent plusieurs niveaux; les marnes inférieures en renferment plusieurs lentilles calcaires assez importantes avec Clypéastrés.

Un 2ᵉ niveau se retrouve un peu plus haut à la base des grès. On y trouve de nombreux débris de fossiles : *Pecten, Ostrea*, etc.;

3° Au dessus se développent les marnes des Bou-Allouane, toujours avec le même aspect, constituant tout le flanc Nord du Gontas, avec quelques intercalations gréseuses à *Ostrea crassissima* à la partie supérieure ;

4° Les grès et poudingues du Gontas se développent au Sud sur les deux flancs de la vallée du Chélif et vont se relever au Djebel El-Kechaïd, laissant apparaître les marnes des Bou-Allouane, bien développées aussi. Les assises inférieures et le Cartennien manquent comme dans la coupe précédente.

Coupe 5. (Pl. II, fig. 5)

Cette coupe est prise un peu à l'Ouest d'Hammam-R'irha, elle est toujours orientée N.-S., parallèlement aux précédentes :

1° Les grès et poudingues *cartenniens*, bien développés au Nord et à l'Ouest d'Hammam-R'irha, sont très fortement redressés sur le crétacé. Ils reparaissent un peu au Nord de la gare de Vesoul-Benian, toujours très redressés et indiquant un plongement au Sud. Comme dans l'intervalle, les marnes dures sont bien développées, il faut bien admettre encore ici un anticlinal, quoique le pendage Nord ne soit pas visible. Sur le flanc d'Hammam-R'irha, cette formation renferme de nombreux *Schizaster*, des polypiers et des moules de *Vénus*, surtout dans les parties gréseuses. Près de la gare de Vesoul-Benian, les bancs visibles sont des grès psammitiques à empreintes végétales. Au Sud du bassin, sur le flanc Nord du Coudiat-Eddis, la formation reparaît fortement relevée sur le Gault et, par suite d'un anticlinal, vient former au Sud, dans l'Oued Djemâa, un synclinal très aigu se relevant au flanc du Djebel Louhe ;

2° Au-dessus, les marnes *cartenniennes*, bien développées dans la vallée de l'Oued El-Hammam et aux environs d'Hammam-R'irha, présentent quelques bancs gréseux intercalés qui permettent de juger de la stratification. Dans la vallée de l'Oued Zeboudj, ces marnes reparaissent par suite de l'anticlinal des grès, occupent toutes les dépressions de la vallée et près de la ligne du chemin de fer; non loin de la gare de Vesoul-Benian, les bancs gréseux, mis à nu par suite de l'érosion des marnes, attestent un redressement très fortement accusé des bancs. Cette formation se développe jusque sur le flanc du Gontas, auprès du village arabe de *Ras-el-Oued*.

Sur le versant Sud, auprès du Coudiat-Eddis, ces marnes manquent totalement, et les grès de la base sont recouverts directement par les marnes helvétiennes ;

3° *L'Helvétien* débute aux environs d'Hammam-R'irha et dans la vallée de l'Oued El-Hammam par un conglomerat à éléments peu roulés, intercalé de parties gréseuses, surmonté de marnes passant à leur partie supérieure aux grès qui forment le plateau de Vesoul-Benian. C'est donc la même assise que celle que nous avons vue se développer à la base de l'Helvétien, dans les coupes précédentes. Ici, elle prend une puissance et un développement plus grands. A plusieurs niveaux dans les marnes, et surtout à la base des grès, on trouve des lentilles plus ou moins importantes de calcaires à *lithothamnium* renfermant des clypéastres, la *Terebratula cf. biplicata*, etc., de nombreux débris de *Pecten, ostrea*, Bryozoaires et polypiers.

Un peu à l'Ouest du village de Vesoul-Benian, au-dessus de la ferme Chalvin, cette formation récifale prend un grand développement, atteint près de 100 mètres de puissance, repose directement sur les marnes cartenniennes et correspond, par conséquent, à tout l'Helvétien inférieur.

L'étude des environs d'Hammam-R'irha est intéressante en ce qu'elle montre bien les relations des deux étages helvétien et cartennien. Si, en effet, l'on remonte la forêt de Chaïba, on peut observer la coupe ci-dessous, que j'emprunte à M. Repelin[1] :

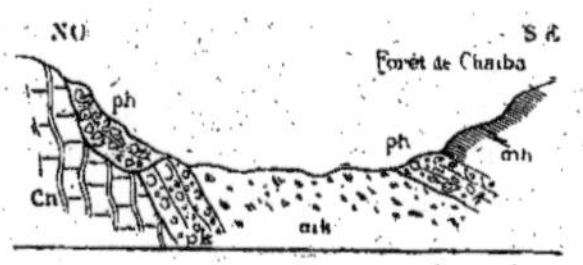


Fig. 3. — Coupe des environs d'Hammam-R'irha.

c, Cénomanien.  pk, Poudingues. / mk, Marnes. } Cartennien.  ph, Poudingues. / mh, Marnes. } Helvétien.

Cette coupe montre que les couches helvétiennes bien stratifiées reposent d'abord sur les marnes cartenniennes, puis sur les poudingues, enfin directement sur le crétacé. C'est là un exemple de discordance angulaire frappant, car les deux assises étant bien nettement stratifiées, il ne peut rester aucun doute sur la continuité des couches helvétiennes venant reposer sur les tranches des poudingues cartenniens. J'insiste sur cette coupe, pour montrer qu'il ne peut y avoir de confusion possible entre les

1. Repelin. *B. S. G. F.*, t. XXI, *loc. cit.*

30

poudingues helvétiens et les poudingues cartenniens ; les couches helvétiennes renferment, d'ailleurs, déjà l'*Ostrea crassissima* Lmk, et plongent
faiblement au Sud, dans l'Oued El-Hammam, alors que le cartennien est,
là encore, très redressé.

Près du village arabe de Ras-el-Oued, sur le flanc du Gontas, ces couches,
qui représentent ici la partie inférieure de l'Helvétien, reparaissent très
réduites et représentées seulement par une épaisseur de quelques mètres
de grès, avec un banc de petits poudingues à la base. Cette réduction n'a
pas lieu de surprendre ; d'ailleurs, j'y reviendrai plus loin.

4° *Les marnes* des Bou-Allouane présentent le même développement
que dans les couches précédentes, se terminent toujours par l'alternance
marno-gréseuse à *Ostrea crassissima* et passent à l'assise suivante.

5° *Les grès* du Gontas atteignent 100 mètres de puissance et se développent vers le Sud, pour former l'escarpement gréseux du Marabout Sidi-
Mohamed-el-Kerim.

Au Sud de ce point, on peut observer le contact direct des marnes helvétiennes avec les poudingues et grès cartenniens qui, comme toujours,
sont fortement redressés sur le flanc du Coudiat Ed-Dis.

L'étude des coupes précédentes met en évidence un certain nombre de
faits qu'il est bon de préciser :

1° Les dépôts *helvétiens* sont transgressifs sur ceux du *Cartennien*, mais
cette transgression n'est, en certains points, qu'apparente et résulte de
l'*érosion* des couches cartenniennes avant le dépôt de l'Helvétien. Le fait de
l'absence partielle ou totale des marnes cartenniennes ne peut, en effet,
s'expliquer autrement. De plus, cette érosion est manifeste, notamment
au Coudiat Ed-Dis, où l'on peut voir les bancs gréseux cartenniens recouverts par les marnes helvétiennes qui les coupent en biseau.

2° Le *Cartennien* présente, le long de la bordure Nord du bassin helvétien, deux plis synclinaux aigus déjà accusés avant le dépôt des couches
helvétiennes ;

3° Il y a séparation nette entre le Cartennien et l'Helvétien et non continuité dans la sédimentation pendant ces deux périodes ;

4° Il existe une discordance angulaire entre les dépôts de ces deux
étages, discordance qui est aussi bien marquée à la bordure Nord qu'à
la bordure Sud ;

5° La base de l'*Helvétien* est constituée par une formation variable dans
sa composition et dans sa puissance, localisée à la bordure du bassin,
passant latéralement à des marnes lorsqu'on s'éloigne du bord, de telle
sorte que, dans le centre du bassin, on ne peut indiquer sûrement sa présence. Le passage aux marnes des Bou-Allouane se fait insensiblement,
ainsi que le montre l'étude de la région de l'Oued Zeboudj à Adélia.

Suivons, en effet, ces couches depuis Hamman-R'irha jusque vers Changarnier, à la bordure du bassin. On pourra observer, ainsi que le montre la carte ci-jointe (Pl. I) :

1º Que les poudingues *helvétiens*, qui atteignent leur puissance maxima dans l'Oued-El-Hammam, s'atténuent vers l'Ouest, de façon à n'être plus représentés au col de Tizi-Ouchir que par quelques éléments roulés à la base des calcaires à *lithothamnium* ;

2º Les marnes à lentilles calcaires, que nous avons observées bien développés au Pont Chez-Granger, se poursuivent le long de l'Oued El-Hammam en se chargeant de nodules de calcaire à *lithothamnium* et près de Vesoul, passent latéralement à la grosse masse calcaire de la ferme Chalvin ;

3º La lentille calcaire se poursuit en changeant brusquement de direction vers le Sud et en diminuant progressivement d'épaisseur jusque vers Changarnier. A partir du viaduc du chemin de fer, cette assise n'est plus indiquée que par quelques nodules calcaires dans les marnes, ainsi qu'on peut l'observer au marabout de Sidi-Serah ;

4º Les grès si développés à Bou-Medfa et à Vesoul passent vers Changarnier à une alternance marno-gréseuse et, un peu au Sud-Ouest de ce dernier village, les grès disparaissent complètement et il est impossible de séparer les couches marneuses qui les représentent des marnes des Bou-Allouane.

On voit donc par ce qui précède que cet ensemble de couches, qui constitue l'*Helvétien* inférieur sur la bordure Nord du bassin, se réduit à une assise marneuse qu'il est difficile de séparer des marnes helvétiennes typiques. Autrement dit, c'est là une formation spéciale de rivage dont le dépôt n'a pu s'effectuer que dans des bas-fonds ou des golfes peu profonds et qui, dans tous les cas, est précieuse pour l'indication qu'elle fournit du rivage de la mer helvétienne.

La disposition des assises cartenniennes et helvétiennes, sur la carte (Pl. I) montre, en outre, que ces couches de l'Helvétien inférieur sont bien distinctes de l'étage cartennien et que les poudingues, grès et marnes de cet étage, qui se montrent vers Adélia, ne peuvent pas représenter un facies latéral de ces couches helvétiennes, ainsi que l'avait affirmé M. Welsch[1].

## § 2. — RÉGION D'AFFREVILLE

Les formations miocènes que nous venons de voir si développées ont presque totalement disparu dans toute cette partie de la plaine du Chélif qui s'étend jusqu'à Duperré. Cependant, il reste suffisamment de témoins

1. Welsch. *B. S. G. F.*, t. XXIII, p. 278.

échelonnés à la bordure Sud du massif de Miliana, pour permettre de suivre ces formations vers l'Ouest et les rattacher à celles qui constituent la plaine des Attafs.

Étudions une coupe passant par Adélia et dirigée toujours Nord-Sud, nous y retrouverons la même série de couches que dans le bassin de Bou-Medfa, avec cette différence, toutefois, que les assises correspondant à l'Helvétien inférieur sont représentées par des marnes qu'il est impossible de séparer des assises marneuses supérieures, ainsi que nous l'avons indiqué précédemment.

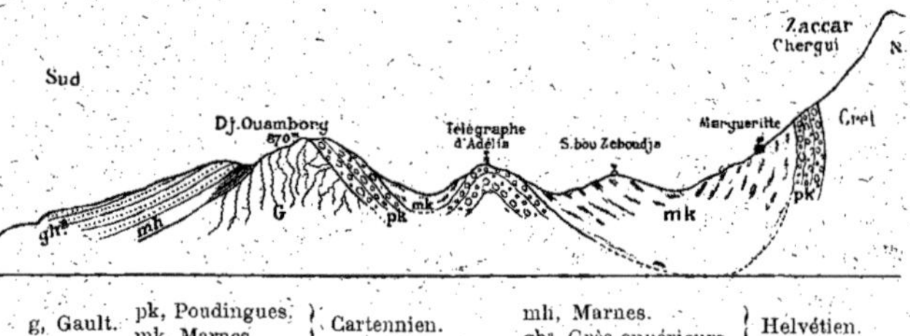

Fig. 4. — Coupe passant par le télégraphe d'Adélia.



g, Gault. | pk, Poudingues. mk, Marnes. } Cartennien. | mh, Marnes. gh³, Grès supérieurs. } Helvétien.

1° Sur le flanc Sud du Zaccar, nous retrouvons le Cartennien bien développé, toujours constitué par :

*Poudingues et grès.*

*Marnes à délit conchoïde et à faciès langhien.*

L'assise inférieure, *poudingues et grès*, forme une bande continue depuis le col de Tizi-Ouchir, par lequel elle se rattache à la bande d'Hammam-R'irha, jusqu'aux environs de Miliana, toujours très fortement relevée et quelquefois déversée au Sud, sous les calcaires du Zaccar, ainsi que l'a constaté M. Gentil. Elles réapparaissent au Sud, constituant les crêtes du Djebel Kekkou et du Djebel Ouamborg. Au Djebel Kekkou, elle présente une particularité intéressante signalée depuis longtemps par M. Pomel, c'est l'intercalation dans les poudingues d'un calcaire coralligène atteignant environ une quinzaine de mètres de puissance; il est constitué de polypiers empâtés et passe latéralement à un lit marneux également intercalé dans les poudingues.

L'assise supérieure, *marnes dures*, se présente typique et bien développée dans la région comprise entre Miliana et Adélia. Sur le flanc Sud du Djebel Kekkou, elle vient buter par faille, contre le Cénomanien dans la haute vallée de l'Oued Zeboudj et remonte sur le flanc du Djebel Ouamborg sans reparaître au Sud.

2° Le flanc Sud de cette dernière crête est constitué par les terrains crétacés : Cénomanien et Gault, qui supportent directement les formations helvétiennes qui se présentent ici, formées seulement des *marnes* et des grès à *Ostrea crassissima*, sans trace de Cartennien au contact, qui est pourtant visible sur une dizaine de kilomètres environ.

Un fait intéressant que montre aussi le Djebel Ouamborg, ainsi que l'indique la coupe ci-dessous :

Fig. 5. — Coupe du Djebel Ouamborg.

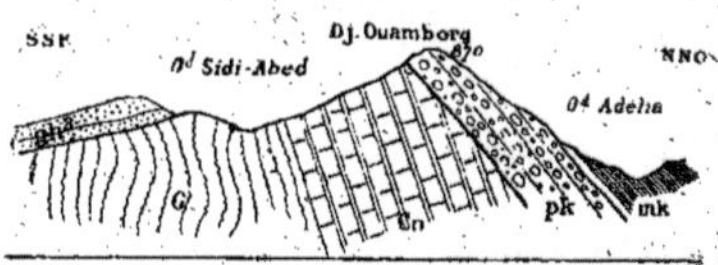


g. Gault. — cn, Cénomanien. — pk, Poudingues. mk, Marnes. } Cartennien. — gh³, Grès helvétiens supér.

c'est la superposition directe des grès à *Ostrea crassissima* sur le crétacé. Cette transgressivité de l'assise supérieure de l'Helvétien sur les marnes n'est pas un fait local, c'est, au contraire, un fait général dont nous retrouverons l'indication dans de nombreux points, au cours de cette étude, et ce fait est très important en ce qu'il n'a pu se produire que sur le bord du bassin helvétien et que nous avons donc là un moyen de constater les rivages de la mer helvétienne.

Cette coupe montre, en outre, une discordance bien nette entre les formations cartennienne et helvétienne ; et cette discordance est très visible à la montée du tunnel d'Adélia, où l'on peut constater que les marnes helvétiennes viennent s'étaler sur les marnes et sur les poudingues cartenniens en coupant nettement les têtes de couches.

A partir d'Affreville jusqu'à Littré, l'Helvétien n'est plus représenté sur la bordure Nord de la plaine; les seuls dépôts miocènes que l'on y trouve sont les *grès et poudingues* cartenniens ; les *marnes* de cet étage font également défaut.

Sur la bordure Sud, au contraire, le Cartennien manque, et l'Helvétien, représenté seulement par les marnes, forme une petite bande qui repose directement sur le crétacé, passe au Sud du Doui pour l'entourer presque complètement, sauf au Nord-Est, et rejoindre ainsi la bande des Beni-Ghomerian.

## § 3. — **RÉGION DE CARNOT**

L'étude de cette région, dont j'ai antérieurement fait connaître les résultats [1], confirme les faits principaux mis en lumière par l'étude des régions précédentes. Mais ici, nous voyons apparaître un terme nouveau de la série miocène et une formation continentale qui la surmonte, dont les coupes suivantes vont nous montrer les relations :

1° Coupe du plateau des Beni-Ghomerian (Pl. III, fig. I)

1° Sur le Gault apparaît chez les Beni-Mekrelifet, aux environs du marabout Si Ahmed ben bou Ferki, une assise *de poudingues et de grès* formant anticlinal sur la crête et plongeant au Sud avec une inclinaison voisine de la verticale. A la partie supérieure des grès se rencontrent :

| | |
|---|---|
| *Ostrea cartenniensis* nov. sp. | *Turritella gradata* Menke. |
| *Ostrea crassicostata* Sow. | *Turritella turris* Bast. |
| *Pecten burdigalensis* Lmk. | *Hypsoclypus doma* Pom. |
| *Pecten Justianus* Font. | *Polypiers.* |
| *Spondylus crassicosta* Lmk. | *Moules de bivalves.* |

qui caractérisent bien le Cartennien.

2° Au-dessus, les *marnes typiques dures à délit conchoïde* se montrent peu développées dans l'Oued Bou-Chétene.

3° *Les marnes helvétiennes* bien caractérisées, atteignant 250 mètres de puissance, constituent toute la dépression qui s'étend de l'Oued Ebda à l'Oued El-Arch, entre l'escarpement gréseux des Beni-Ghomerian et la crête des Beni-Mekrelifet. A leur partie supérieure s'intercalent des bancs gréseux, ainsi que nous l'avons toujours constaté. L'un d'eux renferme :

> *Ostrea crassissima* Lmk.
> *Conus cf. Mercati* Broc.
> *Venus* )
> *Tellina* ) avec leur test, mais indéterminables.
> *Pecten*, sp.
> *Cardium.*

Ce fait de la présence de fossiles avec test est intéressant à signaler à ce niveau, par suite de la tendance chez quelques auteurs à vouloir rapporter au sahélien les couches dans lesquelles se rencontrent des fossiles avec leur test bien conservé.

4° Les *grès à Ostrea crassissima* forment, au-dessus des marnes, un escarpement remarquable, à la base duquel se trouve un niveau aquifère important. Les grès sont peu inclinés (10 à 12° sur l'horizontale) vers le Sud et passent sous le Chélif pour se relever sur la rive gauche contre

---

1. *B. S. G. F.*, t. XXI, p. 17.

les contreforts du Doul. Ils présentent une épaisseur d'environ 100 mètres et, outre l'*Ostrea crassissima* qui y abonde, on trouve en assez grande abondance des moules de gastropodes de bivalves et *Pecten aduncus*.

5° Les alluvions anciennes du Chélif recouvrent cette formation en discordance.

### 2° Coupe rive droite de l'Oued El-Arch (Pl. III fig. 2.)

Cette coupe, prise parallèlement à la précédente, à 3 kilomètres à l'Ouest environ, montre absolument la même succession, sauf la disparition des marnes cartenniennes. Elle nous permet d'observer au-dessus des grès à *Ostrea crassissima* une formation marneuse renfermant quelques bancs conglomérés à la base, qui s'intercalent de petits bancs sableux, où les fossiles avec test sont nombreux et bien conservés, parmi lesquels je citerai seulement :

| | |
|---|---|
| *Cardita lœviplana* Dépéret, type spécial. | *Turritella Archimedis* Brong., type tortonien. |
| *Pecten vindascinus* Font., type tortonien. | *Phos polygonum* Broc., type tortonien et pliocène. |
| *Pecten pusio* Lmk., type pliocène. | *Ancilla glandiformis* Lmk, type tortonien. |
| *Nassa semistriata* Broc., type pliocène. | *Cerithium granulinum* et var., type tortonien. |
| *Turritella turris, var angulosa* Bast., type torton. | *Dentalium delphinense* Font., type pliocène. |

Comme cette liste le montre, cet étage est caractérisé par une faune spéciale où les types franchement tortoniens se rencontrent avec des types franchement pliocènes. Cette faune caractérise en Algérie le *Sahélien* et est plus connue sous le nom de *faune de Carnot*. Pour éviter de reproduire une longue liste de fossiles dont l'étude détaillée fera l'objet d'un chapitre spécial, je lui conserverai ce nom de faune de Carnot ou sahélienne.

Les relations de cet étage avec les grès helvétiens sont indiquées dans la coupe. Les grès à *Ostrea crassissima* ont été profondément ravinés et les marnes sahéliennes se sont déposées sur les tranches des grès ainsi taillées en biseau.

D'ailleurs, si on examine les ravins qui entament les deux formations, notamment celui qui descend de la cote 402, près El-Zid (Carte au $\frac{1}{50.000}$ de Carnot), pour se jeter dans l'Oued Massine, on pourra relever la coupe suivante :

FIG. 6. — Coupe aux environs d'El-Zid.

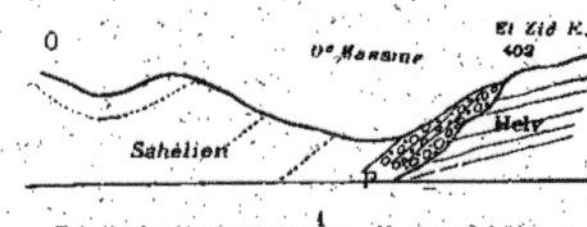


Echelle des longueurs : $\frac{1}{50.000}$ ; Hauteurs triplées.

36

Les marnes sahéliennes présentent des intercalations sableuses, qui permettent de juger de l'orientation des couches. Or, tandis que les grès helvétiens sont orientés Est-Ouest et plongent au Sud, le Sahélien est orienté N.-O. S.-E. et plonge au S.-O., de sorte que les grès sont recouverts en biais par les marnes fossilifères. De plus, à la bordure des marnes et à tous les niveaux, mais principalement à la base, se trouvent des poudingues à éléments calcaires, provenant du crétacé voisin, mais aussi d'éléments gréseux provenant de l'Helvétien. C'est là une indication qui rend évidente l'érosion des grès. En tous cas, le passage des grès helvétiens aux marnes sahéliennes se fait brusquement, suivant une ligne de démarcation nette qui ne permet pas le moinde doute sur l'indépendance de ces deux formations et, par suite, sur l'impossibilité de considérer les marnes comme un facies latéral des grès.

D'ailleurs, d'autres coupes vont mieux nous montrer l'indépendance de ces deux formations.

### 3° COUPE PASSANT PAR KHERBA (Pl. III, fig. 3)

Cette coupe est sensiblement parallèle au cours de l'Oued Lakrdar qui passe à 500 mètres environ à l'Est du village de Kherba.

Elle nous montre, au marabout Sidi-Mansour, les marnes helvétiennes bien développées. En s'éloignant vers l'Est et en descendant dans l'Oued Lakrdar, leur épaisseur diminue, et un peu plus à l'Est, elles ne sont plus visibles. Les marnes sahéliennes reposent alors directement sur les marnes cartenniennes, comme on peut le constater en remontant l'Oued El-Kahala, affluent de l'Oued Lakrdar. C'est là une nouvelle preuve que des érosions puissantes ont détruit non seulement les grès helvétiens, mais encore les marnes avant le dépôt du Sahélien. Le Sahélien est donc un étage bien spécial et bien caractérisé qui surmonte l'Helvétien.

Ce profil nous montre, en outre, un peu au Nord de Kherba, un mamelon gréseux constitué par des grès calcaires très sableux, renfermant des lentilles de grès siliceux. Cette formation, qui s'étend peu à l'Est de ce point, prend au contraire vers l'Ouest un développement plus grand, ainsi que je l'ai déjà signalé antérieurement, et renferme à Carnot une faune continentale d'hélix, de bulimes et de cyclostomes. Elle atteint, à Kherba, 50 mètres de puissance, et n'y présente pas les couches conglomérées si importantes à Carnot.

### 4° COUPE DU KEF ED-DIS (Pl. III, fig. 4)

Cette coupe est intéressante, en ce qu'elle nous montre l'absence complète du Sahélien, entre l'Helvétien et la formation gréseuse à hélix. De plus, les grès helvétiens se montrent disposés en fond de bateau à la crête sans pendage Sud, de sorte que les grès à hélix se trouvent ainsi reposer en discordance sur les marnes helvétiennes.

### 5° COUPE DU KEF ENSOURA (Pl. III, fig. 5)

Ce profil nous permet de voir les couches cartenniennes, très développées sur la bordure de la forêt d'Hangouf, qui vont en s'atténuant vers le Sud sous l'Helvétien, de telle sorte que le long de l'Oued Boukalli nous pouvons constater la superposition directe de l'Helvétien au Cénomanien et, par suite, l'érosion de tout le Cartennien.

Au point de vue de la composition de l'Helvétien, cette coupe est aussi intéressante en ce qu'elle montre à la base de cette formation quelques bancs gréseux intercalés dans des marnes qui renferment, au voisinage du Dra-el-Doum, des *lithothamnium*. Cette assise marno-gréseuse à *lithothamnium* correspond aux couches de l'Helvétien inférieur que nous avons vues si développées à Hammam-R'irha. Nous retrouvons donc ici la succession complète de l'étage, et l'équivalence des grès du Kef Ensoura avec ceux du Gontas est ainsi confirmée.

Sur le flanc Sud du Kef, au coude de l'Oued Boukalli, on peut observer, dans le lit même de la rivière, les marnes helvétiennes surmontées d'environ 20 mètres de grès, lesquels sont immédiatement recouverts par les marnes sahéliennes fossilifères. Ces grès du Kef forment, ainsi que l'indique la coupe, un léger synclinal sous la rivière et viennent affleurer de nouveau auprès du marabout Sidi-Ali-Moussa pour disparaître ensuite au Sud sous le Sahélien. Ces grès ont plus de 100 mètres de puissance au sommet du Kef, environ 60 à 70 mètres auprès du marabout et 20 mètres seulement dans l'intervalle. Cet intervalle est, d'ailleurs, occupé par le Sahélien et l'on ne pourrait expliquer cette variation si grande sur un si petit espace par un phénomène d'étirement. Il faut donc bien admettre là, encore, érosion et, par suite, discordance.

### 6° COUPE DU KEF SEBA (Pl. III, fig. 6)

Cette coupe nous montre, au Nord, un îlot de poudingues et grès cartenniens nettement caractérisés par la présence de :

*Ostrea cartenniensis* nov. sp.
*Pecten Justianus* Font.
*Pecten Besseri* Andrz.

complètement entouré par les marnes helvétiennes, ce qui implique bien une discordance angulaire, attendu que les couches cartenniennes plongent seulement au Sud et qu'elles se rattachent à une bande complète-

ment démantelée qui va de la Sra-Kechach à la bordure des Tachta. Elle
nous montre aussi la superposition directe du Sahélien sur les marnes
helvétiennes sans traces apparentes de grès qui sont pourtant bien développés au sommet du Kef-Seba.

7° COUPE PASSANT PAR MOULA MEZAKOU (Pl. III, fig. 7)

Cette coupe, relevée à deux kilomètres environ à l'Ouest de la précédente,
nous montre la même succession et la présence à la base du Sahélien
des grès helvétiens du Kef-Seba.

Cette série de coupes nous permet ainsi de constater :

1° A nouveau la discordance de l'Helvétien sur le Cartennien et l'érosion
considérable qu'a subie ce dernier avant le dépôt des couches helvétiennes ;

2° La réapparition des couches à *lithothamnium* de la base de
l'Helvétien ;

3° La disparition, par suite d'érosions, de tout ou partie des grès à
*Ostrea crassissima;*

4° La présence d'un troisième terme dans la série miocène, le Sahélien.
discordant sur l'Helvétien ;

5° L'existence d'une formation gréseuse et caillouteuse surmontant la
série miocène, mais indépendante du Sahélien.

## § 4. — RÉGION DES BENI-RACHED ET DES MEDJADJA

Cette région est la continuation directe vers l'Ouest de celle de Carnot.
Elle commence à l'Oued Taria pour se terminer à l'Oued Ouaran. Elle est
surtout caractérisée par le développement considérable que présentent
les *grès* qui surmontent le Sahélien.

Une coupe passant par la maison du Caïd des Beni-Rached et dirigée
Nord-Sud nous montre la succession suivante :

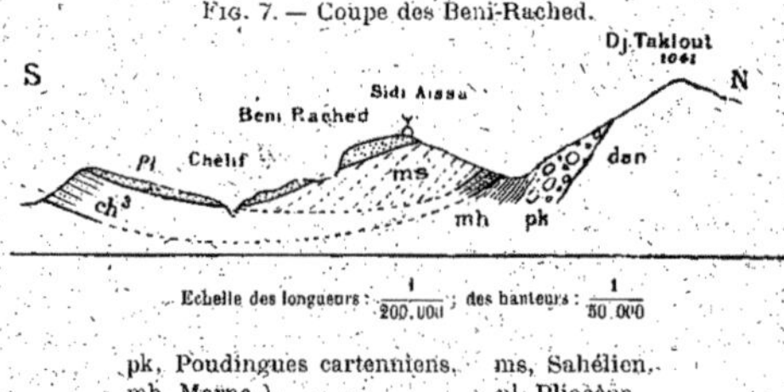


FIG. 7. — Coupe des Beni-Rached.

pk, Poudingues cartenniens.   ms, Sahélien.
mh, Marne } Helvétien.   pl, Pliocène.
ch, Calcaire}

Sur le flanc Sud du Djebel Taklout affleurent les *poudingues et grès cartenniens* surmontés directement des *marnes helvétiennes* typiques.

Dans l'Oued Laoussas, surmontant ces marnes, se trouvent des grès en bancs réguliers atteignant 40 mètres de puissance, se réduisant vers l'Est à quelques mètres seulement et se reliant ainsi aux *grès helvétiens supérieurs de Carnot.*

Ils renferment ici, en assez grande abondance, des moules de bivalves et de gastropodes.

Au-dessus, une puissante assise de marnes argileuses renferme la faune de Carnot et correspondent à l'étage sahélien. Ces marnes bleues renferment, à leur partie supérieure, des *bancs ligniteux noirâtres* et, au-dessous, quelques couches *blanches de tripoli;* dans toute leur masse se rencontrent, en outre, de nombreux cristaux de *gypse.* J'attire l'attention sur la présence de ces petits bancs de tripoli, parce qu'ils deviendront, vers l'Ouest, par leur grand développement, la caractéristique de cet étage.

Les couches marneuses sont intercalées à leur partie supérieure de petits lits sableux, gisement habituel des fossiles.

Au-dessus, toute la crête et le versant Sud des Beni-Rached sont constitués par des grès à

| | |
|---|---|
| *Ostrea lamellosa* Broc. | *Pecten scabrellus* Lmk. |
| *Ostrea edulis* Linne. | *Pecten opercularis* Lmk. |

Ces grès sont en continuité directe avec les couches à hélix de Carnot. Ils en représentent donc l'équivalent marin et sont déjà caractérisés par des types pliocènes fréquents dans les couches molassiques des environs d'Alger.

Au Sud du Chélif, ces grès sont surmontés, comme à Carnot, de sables rouges et d'une puissante formation caillouteuse; mais tandis qu'à Carnot ces couches présentent une inclinaison très forte, elles sont ici à peine inclinées, formant un léger synclinal pour venir recouvrir, au Nord de l'Oued Fodda, des grès à clypéastres et à hétérostégines qui appartiennent à la bande de la zone à *Lithothamnium* de la rive gauche du Chélif. Par suite des érosions récentes des ravins qui descendent des Beni-Rached, les marnes sahéliennes réapparaissent un peu au Nord du Chélif où on peut constater leur superposition aux couches gréseuses à clypéastres. Il devient donc naturel d'admettre l'équivalence des grès à clypéastres et des grès à moules de bivalves et de gastropodes de l'Oued Laoussas et, par suite, leur équivalence avec les grès à *Ostrea crassissima* du Gontas, ainsi que M. Welsch et M. Repelin en ont émis l'hypothèse, mais il est impossible d'y voir l'équivalent latéral des marnes sahéliennes, ainsi que ces auteurs l'ont avancé [1].

---

1. WELSCH. *B. S. G. F.,* t. XXIII, *loc. cit.*
   REPELIN. *Thèse pour le Doctorat,* 1895.

Cette coupe montre, en outre, que le Sahélien a été enlevé en partie et, par suite, permet de constater la superposition directe des grès à fossiles pliocènes sur les grès helvétiens supérieurs.

Si maintenant nous suivons ces diverses formations vers l'Ouest, nous verrons qu'au Djebel El-Kelaâ (Nord de Flatters), les grès et poudingues cartenniens bien développés sont recouverts sur le flanc Sud directement par les marnes helvétiennes, tandis que, sur le flanc Nord, les marnes cartenniennes sont très développées et présentent toute leur puissance, qui est d'environ 200 mètres.

Fig. 8. — Croquis du contact des marnes et des grès cartenniens.

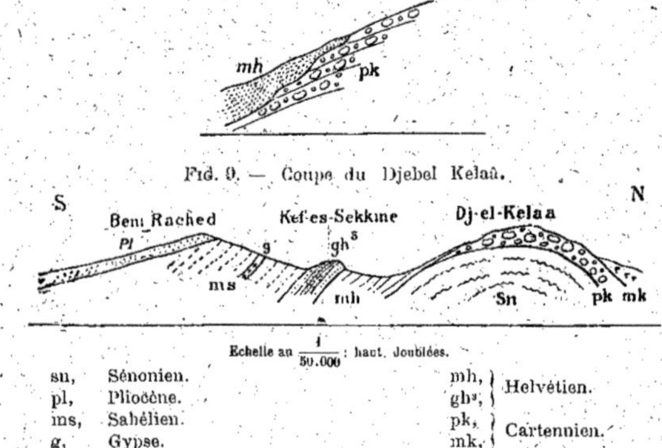


Fig. 9. — Coupe du Djebel Kelaâ.



| | | | |
|---|---|---|---|
| sn, | Sénonien. | mh, } | Helvétien. |
| pl, | Pliocène. | gh³, } | |
| ms, | Sahélien. | pk, } | Cartennien. |
| g, | Gypse. | mk, } | |

A Flatters, sur la nouvelle route de Ténès, on peut observer l'érosion manifeste des grès cartenniens, ainsi que le montre le croquis ci-dessus.

Ces marnes helvétiennes sont surmontées, au Kef Es-Sekkine, par des grès qui se relient à ceux de l'Oued Laoussas par de nombreux témoins, et qui sont surmontés par les marnes à faune de Carnot, qui supportent, comme précédemment, les grès à fossiles pliocènes.

Ces grès du Djebel Es-Sekkine se relient, vers l'Ouest, à des calcaires massifs, quelquefois un peu tufacés, qui affleurent au point marqué *Mirkou* sur la carte et dont nous reparlerons dans la coupe suivante. Entre le Djebel Es-Sekkine et Mirkou, les marnes sahéliennes recouvrent directement les marnes helvétiennes, ainsi que l'indique la carte.

COUPE GÉNÉRALE DU CAP TÉNÈS A ORLÉANSVILLE (Pl. IV, fig. 1.)

Le Cap Ténès nous montre les calcaires liasiques fortement redressés, recouverts par l'étage A de l'Eocène moyen.

Le *Cartennien* présente ensuite un développement considérable affleurant sur toutes les crêtes et dans les dépressions, jusqu'au Djebel Kelaâ, près Flatters. Les grès et poudingues sont très fossilifères et présentent, en outre :

*Aturia aturi* Bast.
*Turritella Cathedralis* Brong.
*Turritella gradata* Menke.
*Lucina miocenica* Michelot.
*Pecten burdigalensis* Lmk.
*Pecten Besseri* Andz.
*Pecten Beudanti* Bast.
*Ostrea cartenniensis* nov. sp.
*Clypeaster* etc.

Les marnes se montrent aussi bien développées dans l'intérieur du massif montagneux, mais n'affleurent pas au Sud.

L'*Helvétien* est représenté par ses marnes, qui reposent directement sur les grès cartenniens, près de Flatters, et par les calcaires de Mirkou. Ces calcaires, puissants de près de 60 mètres, sont identiques à ceux de la rive gauche du Chélif et présentent, comme eux, de nombreux *lithothamnium*, ainsi que des moules de bivalves, mais ne renferment pas de clypéastres.

Ils se relient, comme je l'ai déjà indiqué précédemment, aux grès du Djebel Sekkine et représentent, par conséquent, le niveau des grès du Gontas. Comme on le voit, de même que les grès à hétérostégines de l'Oued Fodda deviennent de plus en plus calcaires à mesure que l'on s'éloigne vers l'Ouest, de même ces grès du Djebel Sekkine le deviennent aussi ; de plus, leur place au-dessus des marnes helvétiennes, tant sur la rive gauche (Inkermann) que sur la rive droite (Dahra) du Chélif, semble bien indiquer qu'ils représentent le même horizon et confirme l'équivalence que nous avons pu constater chez les Beni-Rached.

Le *Sahélien* est toujours caractérisé par ses marnes bleues, mais présente une particularité intéressante. Si on oblique un peu vers l'Est, de façon à rattraper l'Oued Bouni, on pourra remarquer que la rive droite de cet Oued présente une faune identique à celle de Carnot. Si, au contraire, on suit la rive gauche à quelque distance, on retrouvera une grande partie de cette faune ; mais je n'y ai jamais rencontré la *Cardita lœviplana*, tandis qu'*Ancilla glandiformis* s'y présente encore. De plus, on remarquera, sur le flanc du Marabout Sidi-A.-E.-K., quelques bancs gypseux d'une dizaine de mètres d'épaisseur, complètement noyés dans les marnes. C'est le début de la lentille gypseuse qui prendra plus d'importance dans l'Oued. A partir de ce point, la faune change complètement ; les gastropodes, si nombreux à Carnot, disparaissent en grande partie, tandis que les lamellibranches sont, au contraire, bien représentés, ainsi que les dentales, qui persistent.

Les marnes sahéliennes reparaissent au Sud, sur le flanc des Medjadja, où elles présentent quelques traces de lignites.

Les *grès pliocènes* se montrent très développés, atteignant 100 mètres de puissance, avec de nombreux *pectens* et déjà des gastropodes, entr'autres *Nassa semistriata,* qui n'a pas grande valeur stratigraphique, puisqu'elle existe déjà dans le Sahélien. Ils sont surmontés de sables rouges et poudingues qui constituent la *Montagne Rouge* d'Orléansville.

En résumé, dans cette région des Beni-Rached et des Medjadja, nous avons pu constater le passage latéral des grès de l'Helvétien supérieur à des calcaires à *lithothamnium* et l'équivalence de ces couches avec celles de la rive gauche du Chélif.

## § 5. — RÉGION DES BENI-BOU-MILEUK

Le Cartennien forme chez les Beni-bou-Mileuk, au pied Nord de la Sra des Zatyma, un îlot important et des plus instructifs. Il occupe la majeure partie de l'anse que forme l'Oued El-Kébir, depuis son confluent avec l'Oued Damous jusqu'au pied du Djebel Dar-el-Eukab.

On peut y distinguer les deux divisions qui caractérisent généralement cet étage :

1º *Poudingues et grès.* — 2º *Marnes dures.*

Les marnes, par suite d'érosions récentes, ont disparu sur presque toute l'étendue où affleurent les couches inférieures. Cependant, on peut encore les observer avec toute leur puissance : 150 à 200 mètres dans la partie basse de la dépression où coule l'Oued Sidi-Aïssa, affluent de l'Oued Damous.

L'assise inférieure est très complexe, on y rencontre : des poudingues, des grès durs, des marnes gréseuses et des calcaires à *lithothamnium.*

Les poudingues sont surtout développés sur le flanc des Zatyma, où ils présentent là la plus grande analogie avec les couches de même âge que l'on peut observer aux environs d'Alger, caractérisant nettement une formation de rivage. Elle s'étend depuis l'Est du plateau de Bou-Yamène jusqu'au Sud de Choulla.

Ils sont surmontés entre ces deux points par des grès durs qui passent insensiblement aux poudingues et qui les débordent vers l'Est et vers l'Ouest, présentant alors un développement considérable en surface, et une faune remarquable caractérisée par :

*Pecten Pouyannei* nov. sp.     *Ostrea cartenniensis* nov. sp.
*Pecten latissimus* Broc.     *Spondylus crassicosta* Lmk.

Ces grès forment la base de la formation sur la majeure partie du bassin, reposant directement sur le crétacé (Gault ou Sénonien) sur toute la bordure Sud.

Au-dessus, y passant insensiblement, des marnes gréseuses renfermant une faune remarquable d'éponges (pétrospongiaires) qui a été décrite par M. Pomel, de Polypiers, de Bryozoaires et aussi de Clypéastres avec *Pecten latissimus* et *Ostrea cartenniensis* abondant. Sur le chemin qui va de Rezzelia à Bou-Allou, on peut voir le passage latéral des grès durs à ces marnes gréseuses, de sorte qu'il n'y a là qu'un changement de facies dû à l'éloignement du bord du rivage.

Enfin, sur une troisième ligne parallèle à celle des poudingues, se rencontrent localisés en certains points des calcaires à *lithothamnium* avec :

*Clypéastres, Echinolampas, Bryozoaires,*

*Pecten Besseri* Andrz.      *Turritella turris* Bast.

Ces calcaires sont tendres, crayeux, ils constituent le Koudiat et Kelaâ et l'escarpement qui domine les deux rives de l'Oued El-Kebir à sa courbure. Ils reposent directement sur le crétacé et renferment quelquefois à leur base quelques éléments bréchoïdes, ils s'étendent vers l'Est et le Sud-Est toujours directement sur le crétacé, constituant le Djebel Dar-El-Eukab et le couronnement du Djebel Hangouf au Marabout Si bou-Fèrs (740$^m$).

Vers l'Ouest, nous les retrouvons dans les mêmes conditions au Koudiat El-Kelaâ (894$^m$) et à Slīman ou Farès (701$^m$). Ces calcaires à *lithothamnium* passent latéralement soit aux grès durs, soit aux marnes gréseuses, soit même directement aux poudingues, ainsi qu'on peut l'observer sur le pourtour de la forêt d'Hangouf (feuille au $\frac{1}{50,000}$ de Carnot).

La présence de ce facies dans le Cartennien était intéressant à signaler pour montrer la répartition des calcaires à *lithothamnium* dans les terrains néogènes.

La carte au $\frac{1}{100,000}$ de cette région, figurée Pl. I, montre la répartition de ces divers facies.

## § 6. — RÉGION DES CINQ-PALMIERS

J'entends par cette région toute la partie comprise entre l'Oued Ouaran et l'Oued Ras. Nous y retrouvons les mêmes terrains que précédemment, avec quelques particularités importantes.

Ainsi que le montrent les coupes générales (Pl. IV) le *Cartennien* reste confiné dans la région montagneuse et sur le littoral, formant plusieurs bandes sensiblement parallèles très fossilifères :

| | |
|---|---|
| *Pecten Besseri* Andrz. | *Ostrea cartenniensis* nov. sp. |
| *Pecten Poměli* nov. sp. | *Pereirœa Gervaisi* Vez. |
| *Pecten Fuchsi* Font. | *Turr. gradata* Menke. |
| *Pecten vindascinus* Font. var *car-* | *Clypeaster.* |
| *ryensis.* | *Balanus.* |

s'y rencontrent fréquemment partout, notamment près de l'embouchure de l'Oued Tarzout et dans le chemin de traverse qui va de Cavaignac à Bou-Dada.

L'*Helvétien* présente toujours la même composition. Les grès se montrent constituant une longue arète depuis les Heumis jusqu'au Djebel Aziza, où ils reposent directement sur le crétacé, indiquant ainsi une transgressivité bien nette par rapport aux marnes. Ce fait est à rapprocher de celui que nous avons déjà signalé au Djebel Ouamborg, près d'Affreville. Ces grès présentent, en outre, au Djebel Aziza de nombreux clypéastres et se relient, chez les Heumis, aux calcaires de Mirkou. Ils réapparaissent sur les bords de l'Oued Bou-Hamela et dans la vallée de l'Oued Ras, où ils forment un anticlinal rompu qui laisse voir les marnes helvétiennes près du marché de Souk et Tléta. Ils pénètrent même assez avant dans le massif montagneux si l'on en juge par le lambeau qui affleure au Sud-Est du Kef El-Ogab chez les Baâch.

Le *Sahélien*, toujours caractérisé par ses marnes bleues, occupe la majeure partie de cette région, présentant toujours, vers sa partie moyenne, les bancs gypseux. A Bou-Bara, ces bancs ont une épaisseur de plus de 20 mètres, et ils se poursuivent chez les Oulad Farès, formant une bande continue jusqu'à l'Oued Ras, où ils affleurent dans le lit même de la rivière, près du marabout Sidi-Abd-el-Kader. A l'Est du plateau de Tadjena, ces lentilles gypseuses sont intercalées dans les marnes bleues ; mais à l'Ouest, où un îlot important se montre chez les Beni-Merzoug, les bancs gypseux sont compris entre des marnes blanches avec couches à tripoli et des marnes bleues semblables à celles des Cinq-Palmiers. Si on contourne le plateau de Tadjena, par le Nord-Ouest, on voit que ces marnes blanches, qui constituent le Dra-el-Abiod et le Koudiat-Mafa, deviennent bleues aux environs du Djebel Zerbi, où elles se relient à la bande des marnes sahéliennes qui vient des Trois-Palmiers. Les marnes blanches ne sont donc qu'un faciès spécial des couches inférieures du Sahélien. Ces marnes sont alors constituées par des bancs dont la stratification est bien visible et dans lesquels s'intercalent des rognons de silex ménilite.

Les *grès-pliocènes* forment, d'une part, une longue bande en bordure de la plaine, d'autre part le plateau presque horizontal de Tadjena, ainsi que de nombreux îlots, tels que celui des Trois-Palmiers, qui témoignent de l'extension vers le Nord de cette formation. Ce plateau de Tadjena présente un démantèlement remarquable de ces grès, dû à des glissements locaux et récents. C'est ainsi que, dans l'Oued Bou-Hamela, il n'est pas rare de rencontrer les bancs gréseux indiquant les plongements les plus variés. C'est par suite d'un de ces glissements, que le plateau des Trois-Palmiers s'est trouvé ainsi constitué par les grès pliocènes détachés d'El-Karn. Plusieurs autres lambeaux éboulés, importants, se trouvent à l'Ouest des Cinq-Palmiers, à la tête de l'Oued El-Mora et au Koudiat-Sidi-Abd-Allah.

Cette région nous permet donc de constater que les *marnes blanches* à silex ménilites ne sont qu'un faciès des marnes bleues sahéliennes, et que les calcaires de Mirkou à *lithothamnium* ne sont qu'un accident lenticulaire dans les grès helvétiens supérieurs.

## § 7. — RÉGION DE RENAULT

Cette région comprend toute la partie du Dahra qui s'étend de l'Oued Ras à l'Oued El-Razzaz. Comme dans la région précédente et ainsi que l'indiquent les coupes générales, le Cartennien n'existe pas à la bordure Sud du massif crétacé; il est, au contraire, très développé sur les crêtes et sur le versant maritime de la zone montagneuse,

COUPE NORD-SUD PASSANT PAR RABELAIS (Pl. IV, fig. 5)

Sur le crétacé, des lambeaux importants de *grès et poudingues cartenniens* se montrent isolés sur les Djebel Temsielt et Koudiat El-Guelb.

L'*Helvétien* caractérisé par ses marnes typiques n'affleure qu'un peu au Nord du Djebel Djebs. On y rencontre, à la partie supérieure, l'*Ostrea crassissima* Lmk. L'Helvétien supérieur est constitué par des grès à clypéastres qui présentent encore ici, par rapport aux marnes, la transgressivité que nous avons déjà signalée. Ils forment, au Nord de Rabelais, une sorte de plateau qui va se terminer au Koudiat Berber, et, après une interruption qui met à nu le crétacé, va couronner le Djebel Ransou. Ils sont recouverts, au Nord de Rabelais, par des marnes blanches à rognons de silex ménilites qui réapparaissent, au Sud de Rabelais, au Koudiat El-Bioïd et au Djebel Djebs sous les gypses.

Les couches gypseuses n'affleurent pas au Nord de Rabelais; elles sont, au contraire, très développées au Sud, où elles forment une bande assez importante. Au-dessus, sont les marnes bleues typiques très fossilifères surtout dans l'Oued Meroui où l'on trouve abondamment :

| | |
|---|---|
| *Turritella Archimedis* Eichw. | *Pleurotoma ramosa* Bast. |
| *Ringicula buccinea* Desh. | *Columbella nassoïdes* Bell. |
| *Conus mercati* Broc. | *Cassis saburon* Lmk. |
| *Conus pelagicus* Broc. | *Nassa prismatica* Broc. |
| *Conus Puschii* Micht. | *Phos polygonum* Broc. |
| *Mitra scrobiculata* Broc. | *Cardita intermedia* Broc. |
| *Cancellaria varicosa* Broc. | *Venus multilamella* Lmk. |

*Pleurotoma interrupta* Broc.  
*Pleurotoma dimidiata* Broc.  
*Pleurotoma turricula* Broc.  

*Venus plicata* Gml.  
*Dentalium fossile* Lin.  
*Dentalium sexangulum* Lin.

Ces couches se développent surtout dans l'Est de Rabelais et forment une bande continue jusqu'à l'Oued Ras, où elle se joint à la bande qui vient des Cinq-Palmiers.

Cette distinction de trois assises dans le *Sahélien* est, surtout, bien nette sur le flanc Nord du Koudiat El-Bioïd, où on peut relever la coupe suivante :

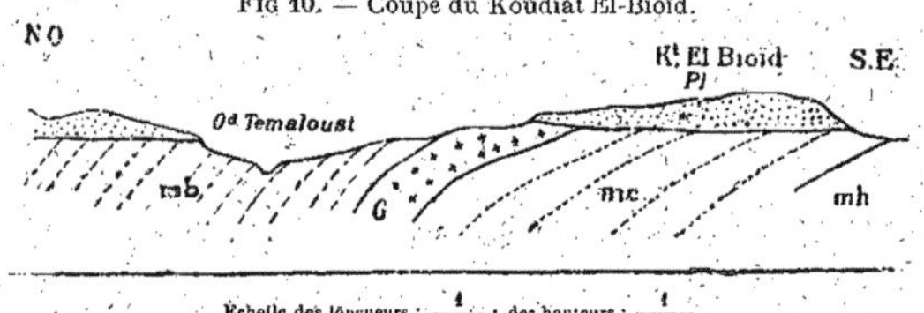

Fig 10. — Coupe du Koudiat El-Bioïd.



mb, Helvétien. — mc, marnes à silex. — g, Gypse. — mb, Marnes bleues. — pl, Pliocènes.

Mais un peu à l'Est au Koudiat Maïzia, il y a passage insensible des marnes blanches aux bleues et leur limite est impossible à fixer. Un autre fait important qu'indique cette coupe est la transgression des grès pliocènes qui viennent s'étaler sur les tranches des marnes blanches, des gypses et des marnes bleues, pour former, d'une part, le plateau de Rabelais, d'autre part, le flanc du Koudiat El-Kelaïcha. Au Sud du Djebel Djebs on peut de même faire la même constatation. Ces grès recouvrent les marnes bleues le long de l'Oued qui descend du Plateau de Rabelais puis reposent directement sur les gypses au Djebel Djebs et, enfin, sur les marnes blanches à la bordure Sud du Plateau de Rabelais. Ces grès renferment dans l'escarpement qui se trouve sous le bordj même du village :

*Pecten opercularis* Lmk.  
*Pecten scabrellus* Lmk.  

*Ostrea lamellosa* Lmk.

Ils sont recouverts de *sables rouges* et présentent cette composition jusqu'en bordure de la Plaine où se trouvent, avec une centaine de mètres de puissance, les *poudingues* que nous avons vus toujours à la partie supérieure de cette formation gréseuse.

Ces grès et poudingues forment un léger synclinal qui fait réapparaître les couches supérieures dans les collines qui dominent le marais du Merdja.

Ces deux coupes nous montrent donc une discordance bien nette entre les grès pliocènes et le *Sahélien*.

Cette coupe parallèle à la précédente nous montre :

*Le Cartennien*, toujours localisé dans la zone montagneuse au Djebel Hallouda et représenté seulement par les *poudingues* et les *grès*, c'est-à-dire par les couches inférieures seulement ; les marnes ne sont pas représentées, quoiqu'elles existent plus à l'Ouest avec toute leur puissance.

L'*Helvétien* marneux se montre bien développé et constitue toute la dépression de l'Oued Gri ; au-dessus, les couches supérieures se montrent gréseuses au Kef Chakour où elles constituent un escarpement remarquable et, un peu au Nord de Mazouna, où elles présentent un anticlinal aigu qui les fait bientôt disparaître sous les couches plus récentes. Au Kef Chakour, ce sont des grès tendres avec quelques bancs durs dans lesquels il est facile de reconnaître par place quelques lentilles calcaires.

Si l'on suit l'escarpement qui domine la plaine de Gri, vers l'Ouest et le Sud-Ouest, on pourra constater que la bande du Kef Chakour est surtout gréseuse et qu'elle renferme de nombreux clypéastres et quelques moules de Vénus, Tellines. Il en est de même au Koudiat Berber. Au Kef Rarou, N.-O. de Rabelais, les intercalations de bancs calcaires sont déjà plus nombreuses et, enfin, au marabout Sidi-A.-E.-K.-Khnessa (N.-E. de Mazouna), toute la masse est calcaire. Avec les calcaires, la faune change ; les clypéastres sont rares, les schizasters, au contraire, abondent, ainsi que les *Pectens*.

*Pecten præjacobeus* nov. sp..  *Pecten aduncus* Eichiw.

*Pecten Bollenensis* Font. var.  *Pecten cf. subbenedictus* Font.

*Mazounensis*.  *Vénus plicata* Gml. (type tortonien).

ainsi que de nombreux moules de gastropodes et de lamellibranches. Cette faune est identique à celle que j'ai retrouvée dans les calcaires de l'Oued Riou, où tous les *Pectens* ci-dessus se retrouvent en assez grande abondance, ainsi que les schizasters. Les *lithothamnium*, si abondants dans les calcaires d'Inkermann, existent, mais plus rares dans ceux de Mazouna.

*Sahélien*. — L'Helvétien supérieur est surmonté, tant au Kef-Chakour qu'à Mazouna, par une formation spéciale, qui va devenir précieuse dans l'Ouest, où elle caractérise le Sahélien. C'est une formation tuffacée, remarquable par la présence de nombreuses lamelles de mica noir dans une gangue siliceuse. Cette formation, généralement peu épaisse, atteint quelquefois plusieurs mètres d'épaisseur, mais n'est souvent représentée que par de rares lamelles de mica dans les marnes sahéliennes. Elle est toujours accompagnée de quelques bancs de tripoli et passe, en hauteur, aux marnes blanches à rognons de silex ménilites.

48

Ces rognons se trouvent, d'ailleurs, déjà dans la zone micacée de la base. Cette zone appartient donc bien au Sahélien, au moins dans cette région. Elle est surmontée, au Sud de Mazouna, par des marnes bleues, alors que sur le versant Nord, vers la plaine de Gri, elle l'est par les marnes blanches à silex ménilites. Dans l'Oued Ouarizane, les gypses qui constituent un escarpement remarquable au confluent de l'Oued Tamda, sont complètement intercalés dans les marnes bleues. Si l'on remonte vers le Djebel El-Abiod, on voit, au contraire, les gypses complètement intercalés dans les marnes blanches, avec rognons de silex ménilites dans les couches inférieures, sans silex à la partie supérieure.

En bordure de la plaine, le Sahélien est recouvert par les grès pliocènes qui viennent reposer directement sur les gypses à l'Oued Tamda, sur les calcaires à *lithothamnium*, près de Mazouna.

Cette coupe nous montre donc encore l'indépendance des grès sur le Sahélien et leur discordance ; ainsi que l'apparition à la base du Sahélien, d'une formation spéciale, formant une zone micacée, qui va se développer d'une manière continue vers l'Ouest.

Coupe passant par Renault (Pl. IV, fig. 7)

Cette coupe parallèle à la précédente nous montre encore la localisation du *Cartennien* sur le versant maritime. L'*Helvétien* est encore représenté ici par les marnes qui, de la plaine de Gri, passent dans la vallée de l'Oued Chorba au col de la route de Mazouna à Renault. Les grès sont aussi bien développés et constituent tout le plateau qui s'étend au Nord-Ouest de Renault jusqu'à la coupure du Gri, où il rejoingnent la bande du Kef Chakouf ; ils renferment de nombreux clypéastres et aussi des moules de gastropodes. On peut très bien les étudier et recueillir des fossiles à la carrière ouverte pour l'extraction de ces grès employés comme pierre de construction. Au Sud de l'Oued Tamda, ils réparaissent constituant un anticlinal qui les fait disparaître au Sud, sous les marnes blanches sahéliennes. Si l'on suit cette rivière, dont le lit est en partie creusé dans ces couches helvétiennes, on peut observer que les couches gréseuses à clypéastres comprennent une énorme lentille de calcaire à *lithothamnium*, dans lequel on retrouve la faune de *Pecten* de Mazouna.

*Pecten aduncus* Eichw.   *Pecten cf. subbenedictus* Font.
*Pecten præjacobeus* nov. sp.   *Venus plicata* Gml.

Ces calcaires sont surtout visibles sur l'ancienne route de Renault, à partir de l'Oued-Tamda, dans la direction d'Inkermann. Ils se relient avec ceux de Mazouna, formant ainsi une bande continue qui encadre la dépression de l'Oued Ouarizane, au Nord et à l'Ouest.

Le *Sahélien* est ici constitué comme dans la coupe précédente par l'*assise micacée* très développée dans l'Oued Khramis où elle repose directement sur le crétacé ; un peu au Nord-Ouest de Renault où l'on peut constater sa superposition aux grès à clypéastres, notamment sur le chemin qui longe l'escarpement rocheux qui domine la carrière ; enfin, au Bled Ben-Salah, au Sud de Renault, où elle forme une bande continue depuis le petit col où passe la route de Mazouna jusqu'aux environs du Marabout Sidi-Abd-el-Kader-Mezaïa où les micas disparaissant, il devient alors impossible de la séparer de la couche marneuse supérieure. Les *marnes blanches* à silex ménilites présentent la même disposition; dans l'Oued Kramis, j'y ai recueilli :

> *Pecten solarium* Lmk.          *Balanus* sp.
> *Ostrea* sp.

Ces marnes sont surtout développées aux environs de Renault et au Djebel Bab-el-Tahar. Elles reparaissent, au Djebel El-Abiod, sur les calcaires à *lithothamnium* tandis qu'au Djebel Bab-El-Tahar, elles surmontent directement les marnes helvétiennes. Les *couches gypseuses* ne se montrent qu'en bordure de la plaine du Chélif; on peut les observer sur la route même d'Inkermann où elles sont surmontées de marnes également blanches sans rognons siliceux.

Au-dessus, les *grès pliocènes* forment la colline qui longe la plaine, présentant une inclinaison assez forte (50°). Ils constituent la haute vallée de l'Oued Tamda qui coule dans un léger synclinal de ces grès avant d'entamer les grès et calcaires à *lithothamnium*. Ils se retrouvent encore plus au Nord, sous Renault même, et présentent, un peu avant l'entrée du village, une tranchée de plusieurs mètres qui permet de les bien étudier. Ces grès ont comme substratum les marnes blanches au Djebel El-Abiod, l'Helvétien supérieur sur la rive droite de l'Oued Tamda, enfin reposent directement à la fois sur les marnes et sur les grès helvétiens au village de Renault et un peu à l'Ouest. Comme cette coupe l'indique, ces grès sont donc bien indépendants de la série miocène et ces faits, ajoutés à ceux que nous avons déjà signalés, ne laissent aucun doute sur leur discordance avec le Sahélien.

Quelques faits intéressants sont à signaler aussi aux environs de Renault.

A trois kilomètres à l'Ouest du village, dans le ravin qui descend de la source des Médiouna, on peut observer une succession de près de 20 mètres de puissance de bancs de calcaires blancs un peu marneux, dans lesquels sont intercalés des bancs durs de calcaire siliceux. Ces bancs sont presque horizontaux et supportent les marnes blanches à silex ménilites, ainsi qu'on peut l'observer sur la route même, comme l'indique la coupe ci-après :

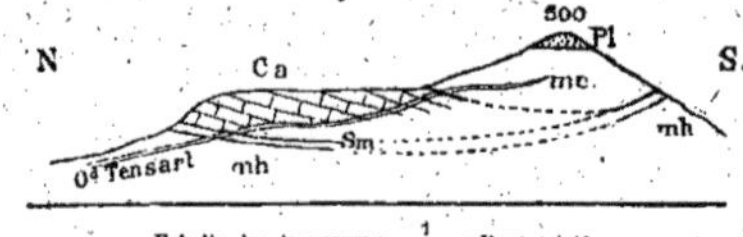

FIG. 11. — Coupe à 3 kilomètres à l'Ouest de Renault, le long de l'Oued Tensart.



mh, Helvétien. — mc, Marnes blanches à silex. — sm, Zone micacée. — pl, Pliocène. — ca, Calc. lacustre.

Cette formation calcaire surmonte la zone micacée, ce que l'on peut facilement constater en suivant le bas de l'escarpement qui domine la dépression de l'Oued Defla ; elle est donc bien sahélienne. Les fossiles qui la caractérisent, et dont je dois la détermination à l'obligeance de M. Dépéret, sont :

> *Planorbis Mantelli* Dunck.
> *Planorbis Solidus.*
> *Limnea* sp. du groupe *Heriacensis* et *Bouilleti.*

Cette faune intéressante montre, comme la faune marine de Carnot, un mélange de types pontiques et pliocènes avec des types du miocène moyen. Ces deux faits, d'une faune lacustre et d'une faune marine composées de types miocènes et de types pliocènes, sont à rapprocher et justifient pleinement l'étude stratigraphique qui nous a amené à classer les deux formations, marine à Carnot, lacustre à Renault, dans le même étage. Cette faune lacustre est surtout importante par la prédominance des types pontiques qui facilitent ainsi les comparaisons de notre Sahélien d'Algérie avec le Miocène supérieur de la vallée du Rhône. Nous reviendrons, d'ailleurs, sur la classification des terrains néogènes d'Algérie et leur équivalence avec les formations de l'Europe méridionale et occidentale.

Un autre fait intéressant à signaler dans cette région est la présence dans les marnes blanches sans silex de la partie supérieure du Sahélien de bancs durs d'un calcaire marneux également blanc. Ces bancs commencent à devenir bien nets au Bled-ben-Salah, où ils atteignent deux à trois mètres de puissance. Nous verrons plus loin leur importance stratigraphique.

#### COUPE PASSANT PAR SIDI-SAÏD (Pl. IV, fig. 8)

Ce profil nous montre la région montagneuse et crétacée réduite au dôme qui supporte le Marabout de Sidi-Saïd. De chaque côté, la région des plateaux miocènes est, au contraire, bien développée.

Au Nord, le Plateau des Achacha, constitué par les *grès et poudingues cartenniens*, s'arrête brusquement à la mer. Ces poudingues reposent directement sur le Crétacé supérieur (Danien inférieur) et présentent un léger anticlinal au point où ils forment l'escarpement qui domine la dépression sahélienne. A la bordure Sud de cette dépression, ils ne reparaissent pas et il faut s'élever à la crête de Sidi-Saïd pour les retrouver presque horizontaux, plongeant légèrement au Sud ; mais, tandis que les poudingues sont bien développés sur le littoral, ils manquent sous ce Marabout, où les grès atteignent environ 100 mètres de puissance.

Sur le versant de la plaine du Chélif, se trouvent, sous les grès cartenniens, des *poudingues rouges* fortement inclinés au Sud, surmontés de *marnes blanches salées* avec plaquettes de gypse. Cette formation est surmontée, au Sud, par les marnes helvétiennes et ne présente pas, dans la coupe, toute sa puissance. Un peu à l'Est du Marabout Sidi-Saïd, toujours sous le Cartennien, nous observons la coupe suivante :

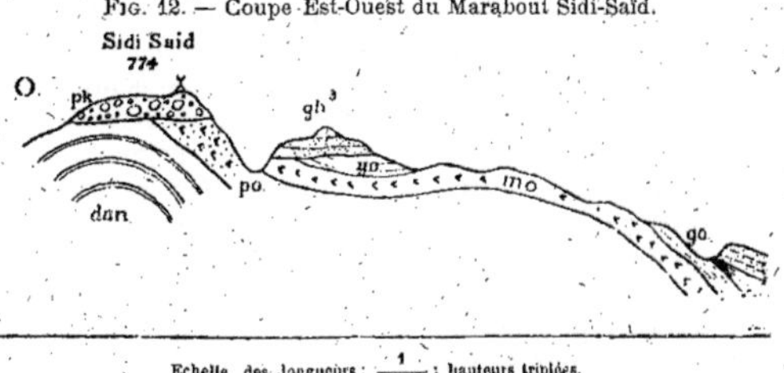

Fig. 12. — Coupe Est-Ouest du Marabout Sidi-Saïd.



d. Danien.
p. o, Poudingues rouges  
m. o, Marnes blanches  } Oligocène.  
g. o, Grès siliceux  

pk, Cartennien.  
mh, Marnes  
gh. Grès à clyp. } Helvétien.  
sm, Zone micacée. — Sahélien.

qui nous donne la succession complète de cette nouvelle formation :

1° *Poudingues rouges.*

2° *Marnes blanches salées.*

3° *Grès siliceux blancs du Djebel Kob,*

qui est recouverte en discordance, d'une part, par les grès cartenniens, d'autre part, par les grès helvétiens à clypéastres.

Cette formation existe avec cette même composition et disposée en lentille à la base du Cartennien à l'embouchure de l'Oued Tarzout. Là, elle est en rapport avec les poudingues cartenniens bien caractérisés par leur faune ; il ne peut donc y avoir aucun doute sur son indépendance à la base de tout l'étage cartennien. Elle est probablement contemporaine des

52

marnes blanches salées de la Tafna, déjà signalées à la base du Cartennien, et des grès siliceux blancs à amphiopées des environs de Cherchell,
qui occupent aussi la même situation. Cette formation semble donc représenter, dans cette région, l'Oligocène et probablement l'étage aquitanien.

L'*Helvétien* est représenté par les marnes surmontées au mamelon 473
par les grès qui renferment l'*Ostrea crassissima* typique.

Le *Sahélien* se présente très développé sur les deux versants du Dahra.
Sur le versant Nord il est constitué par l'*assise micacée*, les *marnes blanches*
à rognons de silex, les *gypses*. L'ensemble forme un large synclinal qui
s'appuie : au Nord, sur les bancs gréseux du Cartennien ; au Sud, sur les
grès siliceux daniens. De cette disposition du Sahélien par rapport au
Cartennien, il résulte une discordance indiscutable.

Sur le versant Sud, le Sahélien est constitué par les *marnes à silex* sans
assise micacée à la base, les *gypses* et les *marnes blanches* sans silex. Dans
ces marnes se retrouvent les bancs de calcaires marneux que nous avons
déjà signalés dans la coupe précédente, mais ici ils sont plus réguliers,
se développent surtout à la partie supérieure et renferment l'*Ostrea
cochlear* Poli avec déjà quelques *lithothamnium*. J'insiste sur ce nouveau
niveau de calcaire à *lithothamnium* qui, en certains points, comme nous
le verrons, deviennent massifs et peuvent alors être confondus avec les
deux niveaux à *lithothamnium* que nous avons déjà signalés dans l'Helvétien ; le niveau de Hammam-R'irha et celui de Mazouna ; la présence de
l'*Ostrea cochlear*, qui l'accompagne toujours dans l'Ouest, ne permet, il est
vrai, aucune hésitation sur son âge sahélien, ainsi, d'ailleurs, qu'une faune
d'échinides bien spéciale.

Les *grès pliocènes*, plus fortement inclinés, les surmontent. Ils forment,
depuis le Djebel El-Abiod, une bande continue en bordure de la plaine du
Chélif et se continuent de même vers l'Ouest. Ils commencent à présenter,
en outre, des *Pectens* que nous avons déjà signalés, quelques échinides
tels que :

*Schizaster maurus* Pom.          *Spatangus subinermis* Pom.

*Ostrea lamellosa* Limk.

et de nombreux gastropodes et Lamellibranches.

Ils sont surmontés des couches de *sables argileux* qui correspondent
aux couches rouges de Carnot et d'Orléansville ; les poudingues qui
terminent la formation en ces deux localités manquent ici, mais existent à
peu de distance, soit vers l'Est ou vers l'Ouest.

COUPE PASSANT PAR NEGMARIA ET L'AÏN-ZEFT (Pl. IV, fig. 9)

Elle nous montre absolument la même succession que la précédente.
Le *Cartennien* des Achacha forme, sous le Sahélien, un synclinal qui

correspond précisément à la dépression sahélienne ; mais, tandis que les grès et poudingues atteignent 100 mètres d'épaisseur au Nord de cette dépression, ils ne sont plus représentés près du bordj de Negmaria que par une vingtaine de mètres au plus.

Sur le versant Sud, nous retrouvons bien développé l'*oligocène*, représenté seulement par les poudingues rouges et les marnes blanches ; les grès siliceux qui terminent cette formation à Tarzout et au Djebel Kob (N.-O. de Renault) marquent le long de cette bande Sud.

L'*Helvétien*, qui recouvre directement la formation précédente, est composé des marnes typiques surmontées de grès et poudingues à *Ostrea crassissima*. Au Koudiat Es-Sakia, c'est une intercalation de grès et de poudingues ; à quelques centaines de mètres à l'Est, au Koudiat El-Zebabidj, les poudingues dominent et l'*Ostrea crassissima* y abonde ; vers l'Ouest, les grès seuls sont représentés, mais contiennent toujours l'*Ostrea* caractéristique de ce niveau.

Le *Sahélien* présente, comme dans la coupe précédente, deux bandes parallèles. L'une, légèrement ondulée sur le versant Nord ; l'autre, fortement plissée sur le versant Sud.

La bande Nord est constituée comme précédemment et ne montre pas les couches supérieures aux gypses.

Les gypses sont très développés, atteignent 100 mètres de puissance et renferment les grottes historiques.

Sur le versant Sud, au contraire, la zone micacée fait défaut, les marnes blanches à silex sont très développées, les gypses présentent un anticlinal aigu que l'on peut très bien observer à l'Aïn Zeft (exploitation de bitume). Les couches supérieures aux gypses sont, au Koudiat Guellal, fortement calcaires avec *lithothamnium* et *Ostrea cochlear* ; tandis qu'à la montée de l'Aïn-Zeft, sous les grès pliocènes, elles sont plus marneuses, bleuâtres et renferment de nombreux *dentales, arca diluvii*, etc. Il y a donc encore ici passage latéral des marnes blanches calcaires aux marnes bleues. A l'Ouest de l'Oued El-Razzaz, on peut observer, sous l'escarpement qui constitue le Kef Chegga, les marnes blanches supérieures aux gypses présenter à leur partie supérieure une épaisseur de près de 30 mètres de calcaire dur, blanc, à *lithothamnium* et *Ostrea cochlear*.

Le *Pliocène* présente toujours la même composition et les mêmes fossiles répandus un peu partout, notamment dans la découpure de l'Oued Tharria (Thagria de la carte), où j'ai trouvé :

| | |
|---|---|
| *Ostrea lamellosa* Lmk. | *Pecten Scabrellus* Lmk. |
| *Pecten opercularis* Lmk. | *Schizaster maurus* Pom. |

Les couches sont très fortement relevées et reparaissent, au Nord du Koudiat Guellal, recouvrant en discordance les diverses assises du Sahélien.

54



Dans cette coupe, nous pouvons constater les relations déjà indiquées dans les précédentes pour les divers étages. Elle confirme la discordance du Sahélien et du Cartennien sur la bande Nord par l'érosion manifeste des grès et poudingues. De plus, les couches supérieures calcaires commencent à se développer aussi sur ce versant et présentent le même aspect que sur le versant Sud. Au Seetfoora, les couches pliocènes sont moins inclinées qu'à l'Aïn-Zeft et tendent à prendre une allure plus horizontale ; sur le versant Nord apparaissent aussi les marnes helvétiennes directement surmontées des grès pliocènes, lesquels sont là peu inclinés, ainsi qu'on peut l'observer dans l'Oued Roumane.

En résumé, l'étude de cette région de Renault nous montre : Que les terrains néogènes débutent par une formation composée de poudingues rouges, surmontés de marnes blanches salées et de grès siliceux blancs. Cette formation est nettement discordante sous le Cartennien et doit se rapporter probablement à l'oligocène dont elle représentait l'étage supérieur (*Aquitanien*).

Que le *Cartennien* conserve une allure bien spéciale, indépendante de l'Helvétien et qu'il semble en résulter une répartition différente. La présence des grès à clypéastres directement superposés aux poudingues cartenniens indique là le rivage de la mer helvétienne et, par conséquent, discordance, le Cartennien étant déjà plissé et relevé au début du dépôt de l'Helvétien.

Que les grès à clypéastres présentent à Mazouna, c'est-à-dire à peu de distance du rivage, une formation coralligène à *lithothamnium*.

Que le *Sahélien*, nettement discordant sur le Cartennien, présente plusieurs faciès et s'intercale à Renault d'une formation lacustre à faune spéciale, intermédiaire entre le Miocène moyen et le Pliocène.

Que le *Pliocène* discorde nettement sur tous les étages néogènes inférieurs.

## 8. — RÉGION DE OUILLIS-MOSTAGANEM

Dans cette région, le massif crétacé n'est plus indiqué que par quelques pointements de Danien dans les ravines profondes qui entament tout le plateau de Ouillis. Les terrains néogènes et surtout les grès et sables pliocènes se montrent très développés.



Cette coupe s'observe en suivant la route qui réunit ces deux villages. En quittant Aïn-Tédelès, on peut voir, au tournant de la route qui

descend vers le Chélif, les bancs gréseux presque horizontaux reposer
sur les marnes blanches sans trace ici de bancs calcaires durs. Plus bas,
les gypses se montrent avec une épaisseur très faible, à peine 7 à 8 mètres,
et reposent sur des marnes blanches à silex. En quittant Pont-du-Chélif,
on peut observer un anticlinal de grès et poudingues helvétiens à *Ostrea
crassissima* et retrouver alors, en montant, la même succession, c'est-à-dire
grès helvétiens et marnes blanches à silex. Dans la dépression qui limite
le plateau gréseux de Ouillis, on trouve sous les marnes à silex non plus
les grès mais les marnes helvétiennes reposant directement sur le danien
inférieur. Au-dessus, en discordance des grès et sables analogues à ceux
d'Aïn-Tédelès. A la bordure Nord du plateau, dans la profonde découpure
de la cascade, on peut observer sur le Crétacé les grès et poudingues
cartenniens surmontés des marnes sahéliennes blanches devenant
bleuâtres un peu plus au Nord. Le Cartennien reparaît sur un pointement
Danien et se poursuit jusqu'à la côte où les bancs sont légèrement relevés
vers la mer.

Cette coupe montre donc bien l'équivalence des couches gréso-sableuses
d'Aïn-Tédelès, c'est-à-dire, du plateau de Mostaganem et de celles également gréso-sableuses du plateau de Ouillis. Elle indique aussi un gisement remarquable du Cartennien qui se trouve à la pointe même qui
forme l'escarpement de la côte. On y trouve :

*Clypeaster angustatus* Pom.    *Clyp. turgidus* Pom.
*Clyp. petalodes* Pom.          *Clyp. obtusus* Pom.
*Clyp. petosus* Pom.

COUPE DU DJEBEL SEETFOORA A BELLEVUE (Pl. IV, fig. 12).

Cette coupe, perpendiculaire à la précédente, a pour but de montrer les
relations des grès du plateau de Mostaganem avec ceux que nous avons
vu constituer une longue bande plus ou moins redressée à la bordure
Nord de la plaine du Chélif.

Elle montre, dans l'Oued Bechela, un anticlinal bien indiqué par des
*grès et poudingues* à *Ostrea crassissima*, qui surmontent les marnes helvétiennes typiques bien développées au Nord, où elles se rattachent aux
couches analogues que nous avons étudiées dans la région de Renault.

De chaque côté de cet anticlinal helvétien, se trouve :

1° Marnes blanches à silex ;

2° Gypse ;

3° Marnes blanches déjà bleuâtres, complètement bleues sur la rive
gauche du Chélif ;

4° Grès du Djebel Saâda à l'Est, grès de Bellevue, plateau de Mostaganem à l'Ouest.

En résumé, ces deux coupes nous montrent bien que les grès qui constituent les plateaux de Mostaganem et de Ouillis, ne sont que l'étalement, vers l'Ouest, des grès qui forment la bande Nord du Chélif. Elles nous montrent aussi la transgressivité de ces grès sur le miocène et leur superposition directe sur le crétacé. Cette superposition peut, d'ailleurs, se constater aussi un peu à l'Ouest de Belle-Côte (Aïn-bou-Dinar), ainsi que je l'ai déjà indiquée dans une note précédente [1].

## § 9. — RÉSUMÉ DES FORMATIONS NÉOGÈNES DU DAHRA

Les formations néogènes du Dahra, dont nous venons d'étudier les relations dans les coupes précédentes, sont :

*L'Oligocène* bien développé à l'Ouest de Renault, sur le versant Sud, et à Tarzout, sur le versant Nord. Il comprend :

1° *Poudingues rouges ;*
2° *Marnes blanches salées ;*
3° *Grès siliceux blancs.*

Le *Cartennien* (Pomel), très développé dans toute la région montagneuse, fortement démantelé et présentant en bordure de cette région des traces évidentes d'érosion. Sa composition, ainsi que M. Pomel l'avait déjà établie, est la suivante :

1° *Poudingues et grès* avec *Calcaire à Lithoth.* chez les Beni-bou-Mileuk.
2° *Marnes dures* bien caractéristiques.

L'*Helvétien* (Pomel) constitue en grande partie la région des Plateaux et ne paraît pas avoir pénétré dans le massif crétacé, et nettement discordant avec l'étage précédent. Sa composition, telle que M. Pomel l'a indiquée et que nous avons retrouvée dans le Bassin d'Hammam-R'irha, où ce savant géologue avait pris son type est :

1° *Poudingues, marnes et grès* avec lentilles de *Calcaire à lithothamnium ;*
2° *Marnes à Ostrea crassissima ;*
3° *Grès du Gontas et poudingues.*

Nous avons vu que dans le Dahra la partie inférieure faisait généralement défaut, qu'elle se retrouve cependant au Nord de Carnot et qu'elle passe latéralement aux marnes supérieures. La partie moyenne reste le terme le plus constant et ne présente aucun changement de faciès notable. La partie supérieure, au contraire, devient quelquefois complètement calcaire (Mazouna, Mirkou), d'autrefois est entièrement représentée par des poudingues (Zebabidj), enfin est plus généralement représentée par des grès

---

1. *Bull. Soc. Géol. Fr.* t. XXIII, p. 593.

grossiers à clypéastres (environs de Renault). Cette formation est transgressive sur le reste de l'étage et est représentée sur la rive gauche du Chélif par une bande plus connue sous le nom de calcaire à Mélobesies du Chélif.

Le *Sahélien* (Pomel) forme un étage bien caractérisé par sa faune tant marine que lacustre et par ses relations discordantes avec les autres étages miocènes. Ces divers faciès, non encore bien précisés avant cette étude, avaient permis de nombreuses interprétations dont le résultat était la suppression de cet étage. Les coupes que nous avons successivement étudiées ont montré que ces faciès différents venaient tous se résoudre en un seul, caractérisé par une faune spéciale mio-pliocène ; le terme de Sahélien doit donc rester pour désigner la partie supérieure du Miocène en Algérie. C'est ainsi, d'ailleurs, que M. Pomel l'avait compris.

Le *Pliocène*, formation gréso-sableuse et caillouteuse, présente deux bandes bien nettes, l'une sur le littoral, l'autre qui a pénétré par la dépression du Chélif jusqu'au pied du massif de Miliana. Cette formation, d'abord continentale chez les Attafs, devient franchement marine, au moins les couches inférieures, chez les Beni-Rached, et se poursuit ainsi, sans solution de continuité, jusque sur le littoral, représentant toujours le même horizon caractérisé par une faune franchement pliocène. Les couches caillouteuses de la partie supérieure présentent la même continuité, mais restent toujours en bordure de la plaine, conservant son caractère alluvionnaire et représentant probablement les dépôts les plus anciens du Chélif, qui doivent être ainsi rapportés au Pliocène supérieur.

## §10. — LES TERRAINS NÉOGÈNES DE LA RIVE GAUCHE DU CHÉLIF

Sur toute la partie comprise entre Duperré et Relizane, la plaine du Chélif est bordée, au Sud, par une ligne continue de collines peu élevées, dont la composition lithologique est variable, mais qui représente des faciès différents d'un même étage.

Le faciès le plus développé est celui des calcaires à *lithothamnium*, dont le type est facile à étudier dans les environs d'Inkermann.

Ces couches, que nous avons vues être l'équivalent des grès du Gontas, commencent vers l'Oued Fodda, où elles sont représentées par des grès à clypéastres et à hétérostegines, avec de nombreux moules de gastropodes. Elles se poursuivent vers l'Ouest, variant peu dans leur composition jusque vers Charon, où les bancs calcaires deviennent bien nets.

Plus loin, vers Inkermann, le calcaire domine et les couches les plus inférieures sont seules encore gréseuses.

Enfin, vers Kalaâ, ces couches passent latéralement à des marnes fossilifères. M. Repelin[1], qui a étudié particulièrement toute cette région, a constaté et signalé le premier ce fait important. Ces couches gréseuses ou calcaires surmontent partout les marnes helvétiennes, les débordant parfois en transgressivité, de façon à venir reposer directement sur les couches néogènes inférieures ou même sur le Crétacé. Nous avons vu que, dans le Dahra et même dans le bassin d'Hammam-R'irha, ce phénomène est fréquent sans qu'il puisse, toutefois, être interprété comme une discordance.

Ces marnes helvétiennes sont surtout bien développées au Sud d'Inkermann, de chaque côté de la vallée de l'Oued Riou. M. Pomel[2], le premier, les a classées dans son Helvétien et MM. Welsch[3] et Repelin[4] ont confirmé leur âge helvétien, sans avoir d'autres preuves que leur analogie complète avec les marnes des Bou-Allouane (Gontas) et la présence de l'*Ostrea crassissima*.

Récemment, M. le capitaine Flick a découvert dans ces marnes tout une faune sur laquelle M. Douvillé, qui l'a étudiée, a déjà donné son appréciation[5]. D'après ce savant auteur, cette faune serait nettement helvétienne et viendrait ainsi confirmer l'attribution de ces couches à l'Helvétien. J'ai étudié, depuis, le gisement découvert par M. le capitaine Flick, et voici les observations que j'ai recueillies :

Fig. 13. — Coupe du Miocène d'Inkermann.

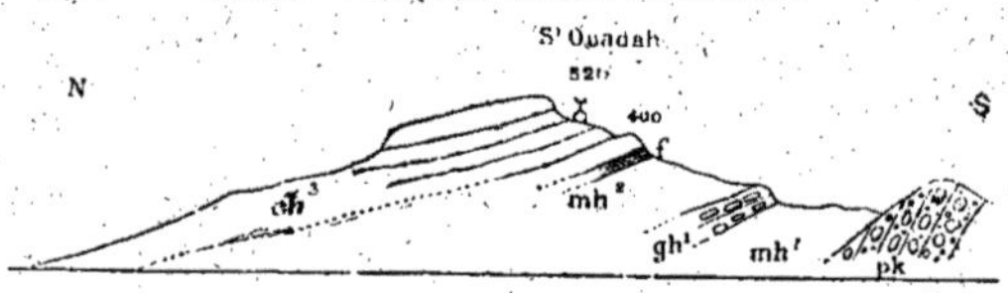

mh¹, Marnes inférieures. ) 
gh¹, Grès inférieurs. } Helvétien. 
mh², Marnes. ) 
ch³, Calcaires. )

pk, Cartennien.
f, Gisement fossilifère.

En partant du Koudiat Djeffel, qui est entièrement constitué par les poudingues et grès cartenniens, on trouve, en se dirigeant vers le Marabout Sidi-Ouadah :


1. Repelin. *Thèse de Doctorat*, 1895.
2. Pomel. *Texte explic. carte géol. de l'Algérie*, 1889.
3. Welsch. *Bull. Soc. géol Fr.*, t, XXIII.
4. Repelin. *Thèse de Doctorat*, 1895.
5. Douvillé. *C. R. S. Soc. géol. Fr.*, 4 janvier 1897.

1° *Des marnes grises* très délitescentes avec quelques bancs gréseux intercalés;

2° *Des grès et poudingues* d'une vingtaine de mètres d'épaisseur, renfermant des moules de bivalves et de gastropodes;

3° *Marnes gris-bleues gypseuses*, renfermant à la partie supérieure quelques bancs grisâtres un peu plus sableux, dans lesquels se trouvent les fossiles. J'y ai rencontré :

| | |
|---|---|
| *Cardita Jouanneti* Bast. | *Pyrula condita* Brong. |
| *Arca turonica* Duj. | *Ancilla glandiformis* Broc. |
| *Venus umbonaria* Lmk. | *Turritella turris* et var. Bast. |
| *Venus islandicoides* Lmk. | *Natica Josephinia* Risso. |
| *Pecten cf. plano sulcatus* Math. | *Dentalium sp.* |

et, en outre, *Ostrea crassissima* Lmk. typique (forme des marnes de Bou-Hallouane). *Venus sp.* toujours en débris, mais répandue partout dans les marnes. Je n'ai pas retrouvé l'*Helix desoudiana*, cité par M. Douvillé.

Je reviendrai plus loin sur les analogies et les différences de cette faune avec les autres faunes néogènes d'Algérie. J'ajouterai que c'est là une découverte importante et qu'une faune aussi nettement caractérisée est signalée pour la première fois en Algérie.

Ces couches fossilifères sont surmontées des *calcaires à lithothamnium* d'Inkermann pour l'étude desquels je renvoie à la thèse de M. Repelin.

Si l'on compare cette coupe à celles que nous avons données du flanc Nord du Gontas, on pourra juger de l'analogie complète dans les deux régions. Le tableau ci-dessous résume ces coupes :

| INKERMANN | GONTAS | MÉDÉA |
|---|---|---|
| Calcaires à *lithothamnium*. | Grès et poudingues. | Grès |
| Alternances de bancs sableux fossilifères. | Alternances de bancs gréseux à *Ostrea crassissima*. | Alternances marno-gréseuses à *Ostrea crassissima*. |
| Marnes gris-bleues. | Marnes des Bou-Allouane. | Marnes. |
| Grès et poudingues. | Grès et calcaires à *lithothamnium* de Bou-Medfa. | Grès et poudingues de Ben-Chicao. |
| Marnes délitescentes. | Marnes délitescentes. | Marnes. |
| Cartennien. | Cartennien. | Cartennien. |

60

Ainsi que le montre ce tableau, la zone fossilifère d'Inkermann corres
pond à l'alternance marno-gréseuse à *Ostrea crassissima*, qui surmonte
partout les marnes helvétiennes. C'est précisément à ce niveau que, dans
les Beni-Ghomerian, j'ai constaté et signalé la présence de nombreux
fossiles avec leur test, mais en trop mauvais état pour pouvoir être
déterminés.

Vers l'Ouest, ces calcaires à *lithoth.* passent, ainsi que M. Repelin l'a
indiqué, à des marnes sableuses renfermant une riche faune caractérisée
par :

*Pyrula condita* Brong.   *Cerith. vulgatum* (*Cerith. dertonense* Mayer).
*Pleurotoma Jouanneti* Desm. *Turritella valriacensis* Font.
*Murex dertonense* Mayer.  *Turritella Archimédis* Eichw.
    *Ancilla glandiformis* Lmk.

Cette faune présente de grandes analogies avec celles des marnes helvétiennes de l'Oued Riou, mais nous verrons plus loin qu'elle représente un
niveau plus récent comme, d'ailleurs, le fait prévoir le tableau ci-dessus.

Ces couches sont directement surmontées par le pliocène ou le quaternaire de la vallée, et il faut aller jusqu'à Perrégaux pour retrouver le
Sahélien tel que nous l'avons étudié dans le Dahra.

*Environs de Perrégaux.* Le Sahélien est très développé aux environs de
Perrégaux, entre le village et le barrage. Il forme une bande étroite le
long de la vallée et s'étend vers l'Ouest jusqu'à St-Denis-du-Sig, où
M. Carrière[1] l'a étudié.

En partant du barrage de Perrégaux, on peut constater la succession
suivante :

 1° *Marnes helvétiennes typiques ;*
 2° *Grès à Ostrea crassissima ;*
 3° *Marnes blanches à rognons de silex,* à la base de laquelle se trouve la
zone micacée ;
 4° *Gypse ;*
 5° *Marnes blanches à feuillets avec bancs de tripoli ;*
 6° *Grès à Pecten scabrellus, opercularis, etc.*

Nous retrouvons là la même succession que nous avons reconnue sur
la rive droite du Chélif, dans le Dahra.

 L'*Helvétien* correspondant aux assises 1 et 2.
 Le *Sahélien*  —  aux assises 3, 4 et 5.
 Le *Pliocène*  —  à l'assise 6.

Les *gypses* ne se présentent pas ici en gros bancs, mais simplement en
feuillets intercalés dans les marnes blanches, vers leur partie moyenne.

---

1. Carrière, *Assoc. Fr. pour Avanc. Sc.* Paris, 1889.

La partie gypseuse n'en présente pas moins une quinzaine de mètres d'épaisseur et se poursuit de même vers l'Ouest.

Si on suit le Sahélien vers Bou-Henni jusqu'au Djebel Sakeif, on verra les parties supérieures devenir de plus en plus calcaires et présenter bientôt un escarpement rocheux remarquable le long du Chabet-Fra-ben-Srir. Cet escarpement surmonte les marnes gypseuses et est composé de calcaires durs avec bancs marneux et renfermant en abondance des *lithothamnium* et des échinides, entre autres :

*Anapesus saheliensis* Pom.        *Echinolampas Hayesianus* Des., etc.
*Schizaster saheliensis* Pom.

C'est au point 248, coté sur la carte ($\frac{1}{50\,000}$) de Perrégaux à la tête du Chabet-Fra-ben-Srir, que l'on peut juger le mieux du passage des calcaires à mélobésies aux marnes blanches à tripoli.

Les calcaires se poursuivent dans l'Ouest et se retrouvent dans la même situation au barrage du Sig, où ils se localisent à la partie supérieure de la formation, et surmontent les couches à gypses intercalées dans les marnes blanches, un peu grises vers le bas, et dans lesquels se rencontrent *Ostrea cochlear, megerlia, diatomées et poissons* dans les feuillets gypseux.

En résumé, sur la rive gauche du Chélif, les terrains néogènes présentent les mêmes divisions que dans le bassin de Bou-Medfa et le Dahra. Ils comprennent le Cartennien, l'Helvétien dont les couches moyennes et supérieures sont chacune caractérisées par une faune abondante de gastropodes et de lamellibranches, le Sahélien dont la partie supérieure passe latéralement à des calcaires compactes à *lithothamnium*, ainsi d'ailleurs que le faisait prévoir l'étude des environs de Renault.

CHAPITRE IV

# CLASSIFICATION DES TERRAINS NÉOGÈNES

___

L'étude stratigraphique que nous venons de faire, tant dans le Dahra que sur la rive gauche du Chélif, nous permet de classer ainsi les formations néogènes :

1° **L'Oligocène ?** composé, en allant de bas en haut, par :
   1° *Poudingues rouges ;*
   2° *Marnes blanches salées ;*
   3° *Grès siliceux blancs.*

2° **Cartennien** (Pomel) :
   1° *Poudingues* et *Grès fossilifères* avec faciès coralligène à Mélobésies ; *1er niveau à échinides (clypéastres) ;*
   2° *Marnes dures.*

3° **Helvétien** (Pomel). En discordance sur le Cartennien et comprenant trois termes :

*Helvétien inférieur* (Pomel). Poudingues, grès, marnes avec faciès coralligène à Mélobésies ; *2° niveau à échinides ;*

*Helvétien moyen* (Pomel). Marnes présentant à leur partie supérieure une alternance de petits bancs gréseux ou sableux, gisement habituel de l'*Ostrea crassissima*, zone très fossilifère au Sud d'Inkermann ;

*Helvétien supérieur* (Pomel). Grès et poudingues avec passage latéral à des marnes fossilifères (Kalaâ) et faciès coralligène à Mélobésies ; *3e niveau à échinides.*

4° **Sahélien** (Pomel). Discordant sur le groupe précédent, comprenant :
*Marnes fossilifères* à Carnot, avec passage latéral à des faciès lagunaires et saumâtres avec *calcaire à Mélobésies ; 4e niveau à échinides.*

5° **Pliocène.** Discordant sur le Sahélien :
   1° *Grès et sables à Ost. lamellosa* avec faciès continental vers Carnot ;
   2° *Sables et poudingues,* formation alluvionnaire.

## § 1er. — OLIGOCÈNE

Cette formation, en somme très réduite dans le Dahra, forme une bande continue d'environ 20 kilomètres depuis le Djebel Kob jusqu'au Sud de Cassaigne, à la bordure Sud du massif crétacé. Les grès siliceux blancs, qui terminent la formation, sont transgressifs sur les couches inférieures et reposent directement sur le Crétacé au Djebel Khorazza (feuille au $\frac{1}{50.000}$ de Renault). A la bordure Nord du massif crétacé, le long du littoral, cette formation est aussi représentée par quelques lambeaux restreints en surface, mais bien caractérisés. On peut surtout les étudier dans tous les ravins qui descendent du massif des Bâach, depuis l'île Colombi jusqu'à la Pointe Rouge, c'est-à-dire sur environ 20 kilomètres. Ils se présentent, à la base du Cartennien, toujours discordants, forment un léger synclinal qui fait apparaître les couches dans l'escarpement même de la côte, ainsi qu'on peut le constater un peu à l'Ouest de l'Oued Tarzout (carte au $\frac{1}{50.000}$, Cavaignac).

Dans cette région, la constitution géologique de cette formation est la même que celle que nous avons indiquée ci-dessus. Accidentellement, à la base des poudingues rouges, se trouve une brèche, d'une vingtaine de mètres, formée d'énormes morceaux de grès daniens. Cette brèche est bien visible dans l'Oued Bou-Laroua, un peu au Sud de la maison forestière des Ouled Bou-Frid (Carte de Cavaignac). Par sa position discordante entre le Crétacé et le Cartennien, cette formation est, certainement, oligocène. Les poudingues rouges présentent la plus grande analogie avec ceux de l'Aquitanien de Kabylie[1]. Les marnes blanches salées sont identiques à celles de la Tafna, quant aux grès siliceux blancs, ils se rapprochent beaucoup de ceux qui constituent le Ras-el-Abiod, près de Cherchel, et qui renferment :

> *Amphiope palpebrata* Pom.
> *Schizaster Bogud* Pom.
> *Turr.* cf. *protocathédralis.*

Ces fossiles ne permettent aucune assimilation. Aussi est-il difficile d'indiquer l'âge précis de ces couches. Je les rapporte, cependant, avec quelques raisons à l'Aquitanien, d'abord à cause de l'analogie des couches rouges de la base avec celles de Kabylie, ensuite parce que ces couches rouges sont, comme en beaucoup de points classiques, *Carry* par exem-

---

1. Voir E. Ficheur. Les Terrains d'eau douce du Bassin de Constantine *(Bull. Soc. Géol.,* t. XXII, page 544) et Programme explicatif de la réunion-extr. en Algérie *(C. R. Soc. Géol.,* 22 juin 1896).

ple, surmontées de couches saumâtres (marnes blanches salées ; couches à *Patamides plicatus*, *P. margaritaceus de Carry*) et couronnées par une zone marine (grès siliceux à *amphiopes* ; *Molasse calcareo siliceuse à Melongena Lainei de Carry*).

Ce parallélisme est peut-être un peu hasardé, mais cependant il est curieux à signaler à cause de la position à la base des couches du 1er étage méditerranéen et au-dessus du Crétacé de l'Aquitanien de Carry et des couches du Dahra. Pour toutes ces raisons, je crois suffisamment justifiée l'attribution de ces couches à l'Aquitanien. La présence de cet étage dans le Dahra n'avait pas encore été signalée, ces couches ayant toujours été rapportées au Cartennien. Comme on peut le voir par cette étude, cet étage, ainsi que dans le bassin du Rhône, est localisé dans la zone côtière et ce n'est qu'après leur dépôt qu'a lieu l'invasion marine du vrai miocène.

## § 2. — CARTENNIEN (Pomel)

1° MASSIF DE TÉNÈS. — Ce nom de Cartennien provient de Cartenna (Ténès). C'est, en effet, aux environs de cette ville que cet étage est le mieux caractérisé. Il constitue toute la région qui s'étend depuis la côte à la dépression de l'Oued Allalah et de l'Oued Bou-Chral à l'Est, à l'Oued Tarzout à l'Ouest. Les poudingues et grès de la base sont surtout bien développés et donnent à cette région un cachet spécial. Elle fait, en effet, partie de la zone forestière, mais, tandis que sur le Crétacé la présence des chênes indique un sol siliceux, sur le Cartennien ce sont, au contraire, les pins d'Alep qui se développent indiquant un sol déjà calcaire. Les environs de Ténès, surtout vers l'Est, sont couverts de forêts impénétrables de cette essence forestière et, ce qui vient ajouter au pittoresque, ce sont les cascades nombreuses qui tombent des escarpements rocheux des grès et dont les eaux viennent se jouer dans de véritables baignoires naturelles résultant de l'érosion des parties plus tendres. En certains points, notamment aux bains de la Reine (carte de Ténès), ces sortes de baignoires sont tellement bien disposées que l'on croirait y voir les restes d'anciens thermes. Ce phénomène curieux se retrouve en nombre de points, aux Beni-bou-Milouk (carte de l'Oued Damous) dans l'Oued Kef-es-Seba ; sur le flanc Est du Djebel Mtata-el-Aneub (même carte), partout où les grès cartenniens sont peu inclinés et où leur masse est assez considérable pour donner lieu à des sources importantes.

Les grès profondément entaillés par les nombreux oueds qui les sillonnent donnent, en outre, lieu à des gorges pittoresques ; celles de l'Oued Allalah, aux portes mêmes de Ténès, en sont un des exemples les plus curieux et les plus pittoresques.

Vers l'Est, les grès et poudingues, d'abord bien développés jusque vers l'Oued Bouchral, s'atténuent vite en surface et ne sont plus représentés que par quelques témoins peu importants en bordure de la côte, qui s'étendent, ainsi échelonnés, jusqu'à l'Oued Damous. Dans la baie des Beni-Haoua, près du Marabout de Sidi-el-Djilali, se trouve un riche gisement fossilifère dont la faune sera étudiée plus loin.

Vers l'Ouest de Ténès, les grès et poudingues forment deux bandes parallèles, l'une qui se poursuit au Nord, le long de la côte jusqu'aux Ouled-bou-Frid, l'autre qui longe la dépression de l'Oued Allalah et s'élève jusque dans le massif des Baâche où de nombreux témoins importants la relient à la bande littorale chez les Achacha. Le plateau des Achacha est, en effet, constitué par un énorme développement de grès cartenniens disposés en léger synclinal et dont les couches viennent se relever vers le Nord, de façon à donner à la côte son caractère abrupte et sauvage. Toute cette région est bien cultivée, grâce à l'eau emmagasinée dans les grès ; elle est surtout riche en oliviers et en figuiers. Les grès se poursuivent vers l'Ouest, bientôt recouverts par les formations plus récentes, mais réapparaissent en plusieurs points, notamment au Nord de Ouillis, où ils présentent un riche gisement *d'échinides* et près du cap Ivi où les couches se relèvent sur le Crétacé.

2° MASSIF DE MILIANA[1]. — Du massif de Ténès, à la hauteur de Flatters, se détache une troisième bande qui reste localisée sur le versant du Chélif et qui se poursuit vers l'Est, de façon à se prolonger dans le massif de Miliana, où cet étage occupe une surface considérable. De nombreux témoins disloqués existent sur toute la bordure chez les Heumis, les Beni-Rached et les Tachta, où les couches inférieures sont seules représentées. Au Nord de Carnot, une petite bande étroite s'étend jusque vers Kherba et se relie, d'une part, par la Forêt d'Hangouf avec le bassin des Beni-Bou-Mileuk, d'autre part, vers le Nord-Est, avec les nombreux lambeaux épars sur les crêtes du massif crétacé et, vers l'Est, avec les affleurements des environs de Miliana. Là les grès et poudingues sont assez restreints en surface, localisés à la bordure des Zaccars et à la crête du Djebel Ouamborg. Mais, tandis que dans le massif de Ténès et vers l'Ouest les marnes supérieures aux grès sont peu développées, dans celui de Miliana elles atteignent leur puissance maxima ; ce sont elles qui constituent toute la région comprise entre Miliana, Affreville et Adélia.

---

1. M. Pomel, dans son étude du massif de Miliana, a donné un exposé complet des formations cartenniennes et de leur répartition dans ce massif. Il a pu constater, notamment aux environs de Cherchell, au-dessus des poudingues, *des grès argileux verdâtres* provenant de la modification des grès par une roche dioritique.

On peut bien les étudier le long de la route d'Adélia à Miliana, qui les entame en tranchées profondes sur la majeure partie du parcours. Les poudingues et grès atteignent, vers le Nord, le Col des Beni-M'nacer, où M. Gentil a trouvé un riche gisement où les fossiles sont, malheureusement, en mauvais état de conservation ; ils se poursuivent vers le Nord-Ouest par de nombreux témoins qui se relient avec le bassin des Beni-Bou-Mileuk.

Vers l'Est, le Cartennien, bien caractérisé par ses différentes assises, se poursuit vers Hammam-R'irha et gagne le massif de Mouzaïa par la crête élevée des Beni-Mahcen, pour pénétrer ensuite dans le massif de Blida, où il entre dans la composition des plis intéressants que M. Ficheur a reconnus dans cette région si bouleversée.

La bande littorale que nous avons suivie jusqu'à l'Oued Damous est interrompue à l'Est de cette rivière, et il faut aller jusque vers Gouraya pour la retrouver. A partir de là, elle se continue, toujours longeant la côte, jusque vers Cherchell, où elle disparaît du littoral pour contourner au Sud le Chenoua et se rattacher ainsi à la bande de la Bouzaréa.

En somme, le Cartennien forme, dans toute la région montagneuse et littorale, une bande plus ou moins continue présentant partout la même composition :

1° *Poudingues et grès fossilifères ;*
2° *Marnes typiques.*

avec, en certains points, un faciès coralligène constitué par des calcaires à Mélobesies et à Polypiers chez les Beni-Bou-Mileuk et chez les Zatymas et par des calcaires durs pétris de Polypiers au Djebel Kekkou, près d'Adélia.

L'épaisseur de ces deux assises est très variable ; à Ténès, dans les gorges de l'Oued Allala, où les grès sont très développés, on peut estimer leur puissance à 150 mètres environ. Les marnes atteignent, dans le massif de Miliana, de 200 à 250 mètres, leur épaisseur totale étant difficile à évaluer si l'on tient compte des érosions considérables qu'ont subies ces couches.

Les points particulièrement fossilifères sont, de l'Est à l'Ouest :

*Mouzaïa-les-Mines* (crête des Beni-Mahcen et Oued Bou-Roumi) (feuilles de Marengo et Vesoul-Benian).

*Bou-Medfa* (lit de l'Oued Djer) (feuille de Marengo).

*Col des Beni-M'nacer* (feuille de Miliana).

*Beni-bou-Mileuk* (feuille de Oued Damous).

*Tachta* et *Sra-Kechach* (Nord de Carnot) (feuille de Carnot).

*Baie des Beni-Haoua* (feuille de Ténès).

Environs de *Ténès* (route du Cap).

Environs de l'embouchure de l'*Oued Tarzout* (surtout vers l'Ouest) (feuille de Cavaignac).

*Sidi-Saïd* (feuille de Renault).

*Ouillis* (feuille de Bosquet).

De ces divers gisements, j'ai pu recueillir une faune intéressante, dont je donne ci-dessous la liste complète avec les localités où chaque espèce a été trouvée :

### ÉCHINIDES

| | | |
|---|---|---|
| *Clypeaster bunopétalus* | Pomel. | Berkrissa, Beni-bou-Mileuk, Sra-Kechach, Tarzout. |
| *Clypeaster confusus* | — | Mouzaïa-les-Mines, Col des Beni-M'nacer, Ténès. |
| *Clypeaster angustatus* | — | Ouillis. |
| *Clypeaster pétalodes* | — | Sra-Kechach, Ouillis. |
| *Clypeaster cartenniensis* | — | Ténès. |
| *Clypeaster pétosus* | — | Ouillis. |
| *Clypeaster turgidus* | — | Ouillis. |
| *Clypeaster obtusus* | — | Ouillis. |
| *Schizobrissus mauritanicus* | — | Ouillis. |
| *Brissopsis milianensis* | — | Col des Beni-M'nacer. |
| *Hypsoclypus doma* | — | Beni-M'nacer, Beni-bou-Mileuk, Ténès, Tarzout, Ouillis. |
| *Echinolampas pyguroïdes* | — | Ouillis. |
| *Echinolampas cartenniensis* | — | Ténès. |
| *Echinolampas inequalis* | — | Amraoua, près Ténès. |
| *Echinolampas claudus* | — | Ouillis. |
| *Echinolampas curtus* | — | Beni-bou-Mileuk, Sidi-Saïd, Ouillis. |
| *Echinocyamus declivis* | — | Sidi-Saïd. |

### CÉPHALOPODES

| | | |
|---|---|---|
| *Aturia aturi* Bast. | | Ténès, Tarzout. |

### GASTÉROPODES

| | |
|---|---|
| *Pereiræa Gervaisi* Vézian. | Tarzout, Oued-Djer (Bou-Medfa). |
| *Turritella gradata* Menke. | Beni-Haoua, Tarzout, Beni-M'nacer. |
| *Turritella turris* Bast. | — |
| *Cerithium gallicum* Mayer. | Baie de Souhalia (Ténès). |
| *Terebra cf. modesta* Defr. | — , Tarzout. |
| *Pyrula cf. Lainei* Grat. | Oued Djer (Bou-Medfa). |
| *Natica cf. tigrina* Grat. | — |

| | |
|---|---|
| *Ostrea cartenniensis* nov. sp. | Dans tous les gisements. |
| *Ostrea crassicostata* Sow. | Sra-Kechach, Beni-M'nacer. |
| *Spondylus crassicosta* Lmk. | Beni-bou-Mîleuk et dans tous les gisements. |
| *Anomia costata* Broc. | Dans tous les gisements. |
| *Pecten præscabriusculus* Font. | Tarzout. |
| *Pecten vindascinus* Font. var. *carryensis.* | Ténès, Beni-bou-Mileuk. |
| *Pecten lychnulus* Font. | Tarzout, Beni-bou-Mileuk. |
| *Pecten burdigalensis* Lmk. | Ténès, Mouzaïa-les-Mines. |
| *Pecten Besseri* Andz. | Tarzout, Ténès, Mouzaïa-les-Mines, Beni-bou-Mileuk, Col des Beni-M'nacer, Sra-Kechach. |
| *Pecten Solarium* Lmk. | Beni-Haoua, Beni-bou-Mileuk. |
| *Pecten Fuchsi* Font. | Ténès, Beni-Haoua. |
| *Pecten Justianus* Font. | Tarzout, Ténès, Carnot. |
| *Pecten latissimus* Broc. | Tarzout, Tachta, Beni-bou-Mileuk. |
| *Pecten Beudanti* Bast. | Ténès, Braz, Mouzaïa-les-Mines. |
| *Pecten Pomeli* nov. sp. | Ténès, Beni-bou-Mileuk. |
| *Pecten Pouyannei* nov. sp. | Beni-bou-Mileuk. |
| *Venus umbonaria* Lmk. | Dans tous les gisements. |
| *Venus islandicoïdes* Lmk. | — |
| *Tellina planata* Linné. | — |

La lecture de cette liste, composée en majeure partie d'espéces caractéristiques de l'horizon de Léognan, de la molasse à *Pecten præscabriuculus* de la vallée du Rhône, des couches de Gaudendorf, suffit pour affirmer le parallélisme complet des poudingues et grès cartenniens avec les couches classiques de la base du Burdigalien (1er étage méditerranéen). Les marnes dures, qui surmontent ces couches, présentent généralement le faciès langhien des marnes à Ptéropodes du Piémont, ainsi d'ailleurs que M. Depéret l'a constaté. Elles représentent donc la partie supérieure du Burdigalien, et le *Cartennien*, tel que M. Pomel l'a compris, forme donc un étage bien défini, stratigraphiquement et paléontologiquement, correspondant au premier étage méditerranéen des *géologues d'Autriche*. Les espèces les plus communes se rapprochent surtout des formes du bassin de Vienne, tandis que la composition lithologique de l'étage semble indiquer des relations plus étroites avec l'Italie septentrionale. L'abondance des échinides et surtout la présence, dans quelques gisements, du *Pecten Bonifaciensis* indiquent un parallélisme complet avec la Corse et confirme l'attribution des couches cartenniennes au premier étage méditerranéen.

## § 3. — HELVÉTIEN (Pomel)

M. Pomel a désigné, sous le nom de *groupe helvétien*, la succession de couches qui surmonte en discordance le Cartennien et qui est, elle-même, recouverte en discordance par le Sahélien. L'étude stratigraphique nous a montré que, partout avant le dépôt des couches helvétiennes, l'étage inférieur ou Cartennien avait été profondément démantelé et érodé, que, dans ce groupe helvétien, il y avait eu des transgressions plus ou moins importantes, mais que la sédimentation s'y était opérée d'une façon continue. Malgré cela, trois divisions peuvent être faites dans cet ensemble. M. Pomel les a ainsi établies :

*Helvétien inférieur.* — Poudingues, grès, marnes.

*Helvétien moyen.* — Marnes surmontées d'une alternance marno-gréseuse à *Ostrea crassissima* et passant à

*Helvétien supérieur.* — Grès et poudingues à *Ostrea crassissima.*

L'*Helvétien inférieur,* bien développé dans le bassin de Bou-Medfa et d'Hammam-R'irha, présente une composition variable et, ainsi que nous l'avons indiqué, passe latéralement à des marnes qu'il est difficile de séparer des marnes de l'Helvétien moyen. C'est, de plus, un faciès littoral assez localisé, disparaissant vers le milieu du bassin. Un peu au Nord de Bou-Medfa, dans l'Oued Moula, M. Welsch a recueilli une faune importante d'échinides qui ne permet, malheureusement, aucun parallélisme avec les couches similaires du bassin méditerranéen. Vers Hammam-R'irha se développe le faciès coralligène à *lithothamnium,* faciès que l'on retrouve très réduit au Nord de Carnot. Vers Médéa, au contraire, le faciès gréseux prend plus d'importance et les poudingues s'y montrent bien développés. Il en est de même sur la rive gauche du Chélif, et nous avons pu constater l'analogie complète de ces dépôts à Médéa et à Inkermann.

L'*Helvétien moyen,* toujours marneux et très développé dans le bassin de Bou-Medfa-Médéa, où il constitue toute la zone dénudée du flanc Nord du Gontas, des Ouamri et des environs de Médéa. Dans la vallée du Chélif, il garde ce caractère et forme, de chaque côté de la vallée, deux bandes bien développées : l'une qui commence aux Beni-Ghomerian (carte de Carnot), où elle renferme quelques fossiles peu importants : *Venus, Telline, Conus,* etc., se poursuit en s'élargissant au Nord de Carnot, des Beni-Rached, passe à Flatters, gagne la dépression de l'Oued Allalah et celle de l'Oued Ras où elle est cachée par les terrains plus récents. Elle reparaît aux environs de Renault, constituant la plaine du Gri, celle des Mediouna, passe dans la dépression de l'Oued Chorba (carte de Renault) et se prolonge en bordure du massif crétacé jusqu'à Pont-du-Chélif, où elle disparaît.

La bande de la rive gauche commence au Sud du massif du Douï, s'étale dans la vallée de l'Oued Zeddin, entre les schistes du Douï au Nord et le massif crétacé des Beni-bou-Douane, contourne au Nord le Temoulga et se continue dans l'Ouest parallèlement à la vallée du Chélif. Les couches calcaires qui les surmontent la cachent par suite de leur transgressivité, mais elle reparaît dans toutes les dépressions un peu importantes. C'est ainsi qu'elle se présente dans la vallée de l'Oued Riou, au Nord d'El-Alef, s'étalant sous l'escarpement des calcaires de chaque côté de la vallée. C'est là que ces marnes helvétiennes ont présenté une riche faune que M. Douvillé a étudiée et sur laquelle il a ainsi formulé son appréciation :

« C'est une faune très riche et d'un caractère nettement helvétien ; les « fossiles sont bien conservés avec leur test et peuvent être dégagés « sans trop de difficultés ; on peut citer parmi les principaux de ces « fossiles :

« *Cardita Jouanneti* Bast. (de 47 mill. env. et à côtés bien convexes).

« *Cardium Darwini.*            « *Conus Dujardini* Desh.

« *Tudicla rusticula* Bast.     « *Semicassis.*

« *Pyrula condita* Brong.       « *Turritella Valriacensis* Font.

« *Ancilla glandiformis* Broc.  « *Balanes.*

            « *Helix desoudiana* Crosse ».

J'ai visité ce gisement et y ai reconnu, en outre :

*Arca turonica.*               *Natica Joséphinia* Risso.

*Venus umbonaria* Lmk.         *Ostrea crassissima* Lmk.

*Venus islandicoïdes* Lmk.     *Dentalium.*

*Turritella turris* Bast et var. *Pecten cf. plano sulcatus* (*P. Depéreti* nov. sp.).

La présence simultanée de cette forme voisine du *Pecten plano-sulcatus* et de l'*Ostrea crassissima*, qui coexistent, d'ailleurs, dans la *Mollasse de Cucuron*, suffit pour caractériser nettement cet horizon. Ces couches doivent donc être placées à la partie supérieure de l'Helvétien (s. stricto) sur l'horizon de la Mollasse de Cucuron à *Pecten plano-sulcatus*. Ces couches sont très répandues en Algérie, mais elles sont généralement dépourvues de fossiles autres que l'*Ostrea crassissima*, localisée à la partie supérieure des marnes et devant correspondre ainsi à la zone fossilifère.

L'*Helvétien moyen* (Pomel) comprend donc au-dessus de l'Helvétien inférieur (tant au Gontas qu'à Inkermann) :

1º *Marnes sans fossiles ;*

2º *Marnes fossilifères* = *Mollasse de Cucuron.*

Ces deux assises sont inséparables et présentent, dans l'Ouest de l'Algérie, une étendue considérable, ainsi que nous l'avons indiqué plus haut.

1. Douvillé. *C. R. Som. Soc. Géol. Fr.* Séance du 4 janv. 1897.

L'*Helvétien supérieur* débute dans le bassin de Bou-Medfa-Médéa par des grès et poudingues à *Ostrea crassissima*, où nous avons pu constater que les poudingues étaient un accident dans les grès et qu'ils ne pouvaient être considérés comme appartenant à un niveau supérieur. Il en est, d'ailleurs, de même au Koudiat-Zebabidj (feuille de Renault) et à Sidi-Brahim, à l'embouchure de l'Oued Bechela (feuille de Bosquet), où les grès ont complètement disparu, tandis que les poudingues, renfermant en abondance l'*Ostrea crassissima*, sont au contraire très développés. Ces couches de l'Helvétien supérieur présentent sensiblement la même répartition que celles de l'Helvétien moyen. Mais, tandis que celles-ci sont uniformément marneuses, celles qui les surmontent changent fréquemment de composition lithologique. Les grès typiques du Gontas se poursuivent vers l'Ouest jusque chez les Beni-Rached ; là ils commencent à devenir calcaires, mais tandis que sur la rive gauche ils gardent cette composition et se continuent ainsi vers l'Ouest jusqu'à Calaâ, sur la rive droite on peut constater que ce facies calcaire constitue une lentille dans les grès et qu'il s'atténue vers les Trois-Palmiers, après avoir atteint 80 mètres de puissance à Mirkou. Dans l'Oued Ras, les grès deviennent plus grossiers, renferment même quelques éléments bréchoïdes et commencent à se caractériser par la présence de nombreux clypéastres que l'on retrouve, d'ailleurs, dans le facies calcaire de la rive gauche. Les grès à clypéastres se développent à la bordure du bassin, vers le Nord, s'étendant au Nord de Rabelais et de Renault, tandis que, plus au Sud, par conséquent à une certaine distance du bord, se développe le facies calcaire à *lithothamnium* qui s'étend du Sud de Rabelais à Mazouna et au Djebel Rokba, où il disparaît pour faire place de nouveau au facies gréseux à *Ostrea crassissima*. Nulle part je n'ai pu constater, dans le Dahra, le passage à un facies marneux. Sur la rive gauche du Chélif, M. Repelin a constaté ce passage aux environs de Calaâ, et il a, de plus, signalé une faune intéressante sur laquelle je reviendrai.

Voici la liste des fossiles que l'on trouve dans ces différents facies :

1° Poudingues et Grès :

    *Ostrea crassissima.*

2° Grès à clypéastres et calcaires à *lithothamnium* :

| | | |
|---|---|---|
| *Clypeaster Cinalaphi* | Pomel. | Inkermann. |
| *Clypeaster Beringeri* | — | — |
| *Clypeaster curtus* | — | Inkermann, environs de Renault. |
| *Clypeaster cœlopleurus* | — | Environs d'Orléansville. |
| *Clypeaster superbus* | — | — |
| *Clypeaster productus* | — | Lalla-Ouda, Renault. |
| *Clypeaster decemcostatus* | — | Inkermann, Renault (Kef-Chakour). |

| | | |
|---|---|---|
| *Clypeaster ogleïanus* | — | Lalla-Ouda. |
| *Clypeaster obeliscus* | — | — |
| *Clypeaster subacutus* | — | Inkermann. |
| *Clypeaster collinatus* | — | Renault. |
| *Spatangus tesselatus* | — | St-Aimé, Inkermann, Lalla-Ouda. |
| *Anapesus tuberculatus* | — | Inkermann. |
| *Echinolampas insignis* | — | — |
| *Oligophyma cellense* | — | — |

3° Dans les marnes :

| | |
|---|---|
| *Pecten vindascinus* Font, | *Pleurotoma Lamarcki* Bell. |
| *Cardita intermedia* Broc. | *Pleurotoma ramosa* Bast. |
| *Lucina dentata* Bast. | *Pleurotoma semimarginata* Lmk. |
| *Cerithium dertonense* Mayer, | *Ancilla glandiformis* Broc. |
| *Turritella Archimedis* Hœrnes non Broc. | *Pyrula condita* Brong. |
| *Turritella turris* Bast. et var. | *Murex dertonense* Mayer. |
| *Turritella Valriacensis* Font. | *Ranella marginata* Mart. |
| *Pleurotoma Jouanneti* Desm. | *Nassa semistriata* Broc. |
| *Pleurotoma spiralis* Marc. de Serres, | *Terebra modesta* Defr. |

Je n'ai cité de cette faune que les espèces que j'ai eues entre les mains
et sur lesquelles je puis discuter. J'ai cité, cependant, sans l'avoir retrouvée, la *Turr. Valriacensis* qui, d'après M. Welsch, est aussi très commune
à Carnot. J'ai eu entre les mains des quantités d'exemplaires soit de
Carnot, de Mendès, de Calaà, soit de Mascara et je n'ai trouvé qu'une seule
forme se rapprochant de la *Valriacensis* et commune à ces gisements qui
put être confondue avec elle. Cette forme est aussi très commune dans
le Tortonien de Monjuich, et MM. Almera et Bofill qui ont pu en ramas-
ser à Carnot, m'ont affirmé que ce n'était pas la *Turr. Valriacensis*, mais
bien une variété de la *Turr. turris*, dénommée *angulosa*. J'ai, de plus,
comparé cette forme avec les échantillons de *Turritella Valriacensis* que
possède le Laboratoire de l'Université de Lyon, et M. Depéret a pu se
convaincre que ce n'était pas là le type *Valriacensis*. Je ne prétends pas
que ce type soit absent dans les gisements où il a été signalé, mais,
certainement, il y est excessivement rare. D'ailleurs, peu importe la
dénomination, puisque cette forme est commune aux gisements de Mascara, de Calaà, etc. et à celui de Carnot.

Une autre détermination sur laquelle j'attire l'attention, est celle du
*Cerithium vulgatum* des couches de Carnot, Mascara, Mendès. Ce *Cerithium* n'est nullement le *vulgatum* (type de St-Ariès), quoiqu'il y ait à
Carnot un Cerithe bien voisin de la variété allongé de Ventemiglia et du
pliocéne de Cannes et qui se rapporte au *Cerith. vulgatum var totospina*

Sacco. Mais les Cerithes dominant dans ces divers gisements appartiennent tous au groupe du *Cerith. Bronni* ou *granulinum*. M. Mayer, qui a bien étudié ces formes, les a divisées en deux groupes : Le premier qui conserve son nom de *granulinum* et qui est caractérisé par la présence de *varices* sur tous les tours et dont les stries transversales sont nombreuses, et le second que M. Mayer a séparé du premier, précisément parce qu'il ne présente pas de varices, sauf, cependant, sur le dernier tour, parce que de plus les tubercules sont plus arrondis et mieux séparés et dont il a fait l'espèce *dertonense*. C'est cette espèce franchement tortonienne qui est presque exclusivement représentée tant à Mascara qu'à Calaà et à Mendès, si j'en juge par les nombreux exemplaires que j'ai vus et qui ont été rapportés en grande partie par M. Repelin (du moins pour Calaà et Mendès). A Carnot, au contraire, cette forme est rare et le type qui domine est celui à varices, c'est-à-dire le *Cerithium granulinum* ou *Bronni* qui existe aussi dans le tortonien mais qui monte dans le plaisancien.

Parmi les espèces les plus importantes de cette faune, il faut citer :

*Pleurotoma Jouanneti* Desm.          *Murex dertonense* Mayer.
*Pyrula condita* Brong.          *Terebra modesta* Defr.

qui sont des formes franchement tortoniennes et qui n'existent pas à Carnot. Ces marnes se placent, vu l'équivalence de leur faune, sur l'horizon des marnes de Tortone, de Baden et de Cabrières d'Aigues.

Nous pourrons remarquer que déjà dans ces couches, comme d'ailleurs dans celles de Cabrières, apparaissent quelques types précurseurs d'espèces pliocènes comme

*Nassa semistriata* Broc. var.          *Cardita intermedia* Broc.
*Arca diluvii* Lmk.

Ces marnes sont surmontées, au plateau de Sidi-Daho, de couches gréso-sableuses à *Ostrea crassissima*, de même que les couches de Cabrières présentent aussi, à leur partie supérieure, un banc à *Ostrea crassissima*. L'analogie, tant dans la faune que dans la constitution lithologique, est parfaite et il ne peut plus subsister aucun doute sur l'âge tortonien de cette formation.

Nous avons vu que, latéralement, le facies marneux fossilifère disparaissait pour faire place à un facies coralligène à Mélobésies ou à des grès durs à clypéastres. En outre des échinides, ces couches renferment, tant à Mazouna qu'à Inkermann, dans les calcaires, quelques types intéressants :

*Pecten* cf. *plano-sulcatus (Pect. Depéreti* nov. sp.)
— cf. *bollenensis* (var. *Mazounensis*).
— *prœjacobeus* nov. sp.
— *aduncus* Eichw.
— cf. *subbenedictus* Font.
*Venus plicata* Gml.

La *Venus plicata* Gml. est bien celle du Tortonien à lamelles non anguleuses et assez larges, tandis que la forme de Carnot est celle du pliocène à côtes serrées et fortement anguleuses.

La présence de types franchement helvétiens : *Pecten* cf. *plano-sulcatus (Pect. Depéreti), Pect. subbenedictus* qui manquent complètement dans les couches de Carnot, donne à cette faune un caractère relativement ancien, malgré la présence de quelques types pliocènes.

Un certain nombre de formes, généralement considérées comme pliocènes, font leur apparition à ce niveau. Ce sont les *Pécten prœjacobeus* et P. cf. *bollenensis* (var. *Mazounensis*).

Ainsi l'*Helvétien supérieur* Pomel vient se ranger sur l'horizon des couches de Tortone, de Cabrières et de Baden et présente, comme dans ces localités, un facies coralligène où les *lithothamnium* remplacent les nullipores.

L'*Helvétien, tel que le comprend M. Pomel,* représente donc le *deuxième étage méditerranéen* ou *Vindobonien,* c'est-à-dire l'*Helvétien* (s. stricto) et le *Tortonien.*

Cette formation est composée de couches parfaitement concordantes et est comprise entre deux autres avec lesquelles elles discordent.

## § 4. — SAHÉLIEN (Pomel)

Avant d'entreprendre la discussion de cet étage, discussion toute paléontologique, rappelons les faits mis en lumière par l'étude stratigraphique.

Le Sahélien débute dans l'Est du Dahra, au voisinage de Kherba, par une formation marine qui s'étend vers l'Ouest, jusqu'à la limite des Beni-Rached et des Medjadja, à l'Oued Bouni. Dans toute cette première zone, le facies est le même ; ce sont des marnes bleuâtres avec intercalation de petits bancs sableux ou gréseux à la partie supérieure, gisement habituel des fossiles ; la faune est partout la même et est désignée généralement sous le nom de faune de Carnot. L'étude stratigraphique nous a permis de constater que partout, dans cette première zone, les marnes de Carnot surmontent les grès helvétiens à *Ostrea crassissima* (facies spécial des marnes de Calaâ à faune tortonnienne) ; que, de plus, des érosions importantes se sont produites dans les couches helvétiennes (avant le dépôt des premiers sédiments sahéliens); enfin, que les couches sahéliennes reposaient en discordance angulaire sur les grès des Beni-Ghomerian (tortoniens).

A l'Ouest de l'Oued Bouni, nous voyons apparaître, dans ces marnes, des dépôts gypseux qui prennent de plus en plus d'importance à mesure que l'on s'éloigne vers l'Ouest, et, en même temps, la faune s'appauvrit d'un certain nombre de types importants tels que : *Cardita læviplana* Depéret; *Ancilla glandiformis* Lmk.

Mais là majeure partie des espèces de Carnot se retrouvent encore dans les Medjadja, les Heumis, Tadjena et Rabelais. Comme à Carnot, cette faune se trouve localisée, à la partie supérieure des marnes, dans des bancs sableux ou gréseux, c'est-à-dire que les parties sous les gypses sont généralement dépourvues de fossiles. A Bou-Bara, j'y ai pourtant rencontré des *dentales*.

Les marnes restent bleuâtres, tant au-dessus qu'au-dessous des gypses, jusque sur le flanc Ouest du plateau de Tadjena. Là, les marnes inférieures deviennent plus calcaires et prennent une couleur blanche qui les fait reconnaître facilement, en même temps qu'elles se chargent de silice, qui se dépose sous forme de rognons de silex ménilite. Ces couches renferment alors des petits bancs de tripoli. Je rappellerai que déjà, chez les Beni-Rached, où la faune de Carnot est typique, j'ai signalé un banc de tripoli blanc dans les marnes bleues; sur le versant Nord du plateau de Tadjena, on peut en observer plusieurs, toujours dans les marnes bleues; comme on le voit, le passage des marnes bleues au blanches peut se suivre pas à pas et il ne peut subsister aucun doute sur l'équivalence des marnes blanches à silex et des marnes bleues des Beni-Rached. A Rabelais, le Sahélien est donc constitué par : à la base :

*Marnes blanches à silex ;*

*Gypse ;*

*Marnes bleues fossilifères.*

Avec cette composition, le *Sahélien* se poursuit jusqu'à Mazouna. Là, il repose en discordance sur les calcaires à Mélobésies et apparaît à la base une zone tufacée pétrie de lamelles de mica noir dans laquelle je n'ai trouvé comme fossile qu'une *scalaria* bien différente de la *lamellosa* et que je décris plus loin sous le nom de *Scalaria Renaulti*. En même temps, le faciès blanc gagne la partie supérieure aux gypses qui, eux-mêmes, prennent plus d'importance. Près de Renault s'intercale, entre la zone micacée et les marnes blanches à silex et à tripoli, une formation lacustre à *Planorbis Mantelli* Duncker, *Planorbis solidus*, *Limnea cf. heryacensis*. Ainsi, le faciès marin passe latéralement à un faciès lagunaire qui, lui-même, passe à un faciès lacustre. Cependant, par place, le faciès des marnes bleues à *dentales* et à *pleurotomes* reparaît intercalé au milieu des marnes blanches avec ou sans silex, c'est-à-dire inférieures ou supérieures aux gypses. Dans la feuille au $\frac{1}{50.000}$ de Renault, on peut le constater. Au confluent de l'Oued Tamda et de l'Oued Ouarizane, tout le Sahélien est constitué par des marnes bleues dans lesquelles les gypses sont intercalés ; près de l'Aïn-Zeft, les marnes blanches sans silex, supérieures aux gypses, passent latéralement à des marnes bleues à *dentales, vénus, pleurotomes*. Plus à l'Ouest, au pourtour du plateau de Mostaganem, les marnes supérieures aux gypses sont tantôt blanches avec *Ostrea cochlear*, tantôt bleues avec *venus, arca, dentalium*, etc.

La zone micacée se développe surtout au Nord, à la bordure du massif crétacé, vers Negmaria et Cassaigne, mais manque sur la bande Sud qui longe au Nord la plaine du Chélif. Elle existe aussi à la bordure du plateau de Mostaganem, vers Bel-Acel, et se poursuit vers le S.-O. pour rejoindre la bande que nous avons signalée à Perrégaux et Saint-Denis-du-Sig.

Ainsi, la faune de Carnot étant la seule franchement marine, c'est elle qui nous permettra les comparaisons avec celles des étages précédents.

Résumons donc la faune marine de Carnot.

| | |
|---|---|
| *Pecten cf. Macphersoni* Bergeron. | *Cardita intermedia* Broc. |
| *Pecten cf. grandis* Sow. | *Leda pella* Lin. |
| *Pecten vindascinus* Font. | *Pectunculus pilosus* Lin. |
| *Pecten pusio* Linné | *Pectunculus violescens* Lmk. |
| *Pecten Jacobæus* Linné. | *Arca Fichteli* Desh. |
| *Pecten cristatus* Bronn. | *Arca turonica* Duj. |
| *Pecten solarium* Lmk. | *Arca diluvii* Lmk. |
| *Venus plicata* Gml. | *Pinna Brocchi* d'Orb. |
| *Venus multilamella* Lmk. | *Conus mercati* Broc. |
| *Venus islandicoïdes* Lmk. | *Conus pelagicus* Broc. |
| *Venus Dujardini* Hœrnes. | *Conus Puschii* Micht. |
| *Venus cf. clavella* Lmk. | *Conus striatulus* Broc. |
| *Lutraria cf. oblonga* Chmtz. | *Conus striatulus* Broc. var *anomalospira* Sacc. |
| *Solecurtus strigillatus* Linné. | |
| *Clavagella bacillaris* Desh. | *Ancilla glandiformis* Lmk. |
| *Corbula cf. carinata* Duj. | *Ancilla obsoleta* Broc. |
| *Cardium discrepans* Bast. | *Marginella Deshayesi ?* Micht. |
| *Cardium hians* Broc. | *Marginella emarginata* Bron. |
| *Cardium Michelottianum* Mayer. | *Ringicula buccinea* Desh. |
| *Cardita læviplana* Depéret. | *Ringicula cf. Grateloupi* Font. |
| *Cardita Partschi* Goldf. | *Mitra bellatula* Bell. |
| *Cardita bollenensis* Font. | *Mitra Borsoni* Bell. |

*Columbella nassoïdes* Bell.
*Strombina tetragonostoma* Font.
*Nassa semistriata* Broc.
*Nassa mutabilis* Lin.
*Nassa crebesulcata* Bell.
*Nassa Brugnonis* Bell.
*Nassa limata* Chmtz.
*Phos polygonum* Broc.
*Phos polygonum var Hornesi* Font.
*Cassis saburon* Lmk.
*Rostellaria* sp.
*Trilon heptagonum* Broc. *var pyrenaïcum* Font.
*Ranella marginata* Mart.
*Pyrula reticulata* Lmk. *var subintermedia* d'Orb.
*Fusus lamellosus* Bors.
*Fusus cf. longirostris* Broc.
*Jania angulosa* Broc.
*Cancellaria dertoscalata var hirtocostata* Sacc.
*Cancellaria dertovaricosa var mognoturrita* Sacc.
*Cancellaria dertovaricosa var spinulatior* Sacc.
*Surcula recticosta* Bell.
*Surcula dimidiata* Broc.
*Surcula Mercati* Bell.

*Dolichotoma cataphracta* Broc.
*Genota ramosa* Bast.
*Genota Mayeri* Bell.
*Pleurotoma turricula* Broc.
*Pleurotoma contigua* Broc.
*Pleurotoma cf. interrupta* Broc.
*Cerithium Bronni* Partsch (*C. granulinum*).
*Turritella tricarinata* Broc.
*Turritella communis* Risso.
*Turritella aspera var distanticincta* Sac.
*Turritella bicarinata* Eichw.
*Turritella vermicularis* Broc.
*Turritella subangulata* Broc.
*Turritella Archimedis* Eichw.
*Turritella turris et var* Bast.
*Proto rotifera* Lmk.
*Rotella subsuturalis* d'Orb.
*Solarium simplex* Bron.
*Natica Josephinia* Risso.
*Natica millepunctata* Lmk et var.
*Natica helicina* Broc.
*Dentalium sexangulum* Linné.
*Dentalium delphinense* Font.
*Dentalium elephantinum* Phil ?
*Dentalium Bouei* Desh.
*Dentalium fossile* Lin.

La détermination précise m'a été facilitée, grâce à l'obligeance et aux conseils du savant professeur, M. Depéret. Les belles collections que possède le laboratoire de géologie de l'Université de Lyon, m'ont permis de comparer les types sahéliens avec ceux des gisements classiques. Les couches de Carnot ayant été prises comme type du Sahélien par M. Pomel, l'étude détaillée de leur faune est donc intéressante et fournit des résultats qui confirment les conclusions stratigraphiques que nous avons signalées au début de ce paragraphe.

Ce qui frappe le plus dans cette faune, c'est le mélange de types franchement tortoniens avec des formes considérées jusqu'alors comme spécialement pliocènes. On comprend que, devant une telle faune, suivant les hasards des recherches, les fossiles aient pu permettre toutes sortes d'hypothèses faisant classer ces couches tantôt dans le Tortonien, tantôt dans le Plaisancien, suivant les espèces recueillies. De toute la discussion à laquelle ont donné lieu ces diverses interprétations, je ne retiendrai qu'une chose, c'est que M. Pomel a toujours considéré le Sahélien comme un étage bien défini et correspondant au miocène supérieur d'Algérie.

Cette faune présente, en effet, des types tortoniens nombreux, mais nous pourrons remarquer l'absence de fossiles importants, tels que :

*Pleurotoma Jouanneti* Desm.     *Ostrea crassissima* Lmk.
*Cerithium dertonense* Mayer.     *Pyrula condita* Brong.
*Murex dertonense* Mayer.

En revanche, quelques formes tortonniennes persistent, telles que :

*Rotella subsuturalis* d'Orb.     *Marginella emarginata* Bon.
*Marginella Deshayesi* Micht.     *Conus Puschii* Micht.

D'autres formes, tout en conservant leur caractère tortonien, présentent, soit des traces d'une évolution plus avancée, soit des différences suffisantes avec les types classiques pour en former des variétés. Il en est ainsi pour :

*Ancilla glandiformis*, qui ne présente jamais les formes fortement empâtées de Cabrières, mais au contraire des formes allongées passant à *l'obsoleta* et ayant toujours une petite taille (un centim. au plus de long).

*Cardita læviplana* Depéret, qui présente avec la forme tortonienne les mêmes différences que celle-ci avec la forme helvétienne. Dans la forme de Carnot, en effet, les côtes sont non seulement plates, mais disparaissent au 1/5 de leur longueur environ, si bien que, dans nombre d'exemplaires, l'ornementation, d'abord visible, est celle des stries transversales résultant de l'accroissement. J'ai comparé cette forme avec celles de Cabrières, de Montegibbio, de Baden, et j'ai rencontré partout la même différence.

Les formes pliocènes typiques sont :

*Venus plicata* Gml, dont j'ai déjà indiqué les différences avec la forme tortonienne de Mazouna et d'Inkermann.

*Nassa semistriata* Broc. *Columbella* (Strombina) *tetragonostoma* Font. et nombre d'autres dont je décrirai les caractères dans un chapitre spécial.

Quelques types intéressants font leur apparition.

*Dentalium delphinense* Font.     *Dentalium elephantinum* Phil ?

Le *Pecten cf. plano-sulcatus* disparaît et est représenté par une forme spéciale voisine du *Pecten grandis* du crag d'Anvers.

De plus, les formes pliocènes existant déjà dans le Tortonien de Calaà, Mendès et Mascara prennent une importance plus grande telles que :

*Cardita intermedia* Broc. et *Arca diluvii* Lmk.

qui abondent dans les couches de Carnot et ne sauraient donc être considérées comme caractéristiques du Plaisancien, ainsi que le veulent quelques auteurs pour des marnes qui affleurent sur le littoral oranais et qui sont caractérisées par l'abondance de cette dernière espèce.

Certaines formes, en outre, présentent à la fois le type pliocène et le type tortonien tel que :

*Phos polygonum* Broc.

qui présente le type franchement pliocène décrit par Fontannes et le type du bassin de Vienne décrit par Hoernes et pour lequel Fontannes a fait la variété *Hœrnesi*.

Je n'insiste pas davantage. Ces quelques remarques nous fixent suffisamment sur le caractère général de cette faune. C'est une faune nettement *mio-pliocène* bien spéciale ayant, certainement, plus d'affinités avec les faunes miocènes mais caractérisant un niveau plus élevé que Cabrières, Baden ou Tortone et qui n'a pas d'équivalent connu dans le bassin méditerranéen. Le terme de *Sahélien* s'appliquant à un ensemble aussi homogène et aussi bien caractérisé ne peut donc pas disparaître de la classification.

Nous avons vu comment, à Renault, le Sahélien présentait à sa partie inférieure quelques couches lacustres intercalées. M. Depéret, qui a bien voulu se charger de la détermination des fossiles trouvés dans ce niveau, y a reconnu :

1° Une forme renflée qui ne peut se séparer du

*Planorbis Mantelli* Dunker.

après comparaison avec des spécimens d'Espagne et du Midi de la France (Cucuron = *Pl. præcorneus* F. et T.). Dans ces deux dernières régions, elle caractérise les couches à *Hipparion gracile* (*étage Pontique*). Cette forme est aussi très voisine du *Pl. Philippei* Locard, du pliocène inférieur de la Bresse.

2° Une forme à tours plus déprimés (c'est la forme la plus abondante), qui se rapproche plutôt des types du miocène moyen (Helvétien ou Tortonien) comme ceux que l'on trouve dans les couches à *Ostrea crassissima* de l'Hérault et de la vallée du Rhône (Mirabeau, Vaucluse). Elle n'est pas très loin non plus du *Pl. Heryacensis* Font. du Pontique et du pliocène inférieur de la région de Lyon, cependant cette dernière espèce en diffère par un méplat très accusé sur la face supérieure, tandis que les échantillons de Renault, comme ceux de l'Helvétien du Midi, ont des tours plus arrondis en dessus. M. Depéret croit que l'on peut donner à ce type le nom de *Planorbis solidus* dont le *Pl. Mantelli* n'est qu'une variété, et ce savant professeur ajoute : « Au point de vue stratigraphique, il n'y a pas « grand chose à tirer de décisif de ces planorbes, qui peuvent être aussi « bien du miocène moyen (Helvétien ou Tortonien) que du miocène

« supérieur (Pontique). Je dois dire pourtant que, dans la vallée du Rhône,
« je n'ai jamais rencontré le *Planorbis Mantelli* au-dessous de l'étage
« Pontique. Cette appréciation est confirmée par la Limnée très allongée
« qui appartient au groupe de *L. Heryacensis* et *Bouilleti*, c'est-à-dire des
« types pontiques ou pliocènes. »

Comme on le voit, cette faune présente un caractère mixte nettement
miocène, mais où se font remarquer des formes plus récentes pontiques
et pliocènes. Il était intéressant de retrouver dans la faune lacustre ce
caractère mio-pliocène nettement indiqué par la faune marine. Quant à la
place exacte du Sahélien dans la classification, il est difficile de l'indiquer
d'une manière précise par rapport aux formations du bassin méditerranéen.

En Algérie, cette formation termine le miocène et correspond donc au
miocène supérieur.

La présence des formations gypseuses intercalées dans le Sahélien
semblerait indiquer une analogie suffisante avec la formation *gessoso-
solfifera* d'Italie. Cette formation présente, en Italie, notamment aux environs de Santa-Agata, un ensemble remarquable de marnes avec gypse
surmontées de marnes bleuâtres avec calcaires lacustres et de marnes
blanches ou bleues à congéries, au milieu desquels MM. Sacco et Depéret
ont constaté la présence de fossiles marins pliocènes. Il est évident que
les analogies ne sont pas concluantes, cependant on peut remarquer que
ces couches d'Italie et le Sahélien présentent plusieurs particularités
communes, à savoir :

Les marnes blanches ne sont qu'un facies des marnes bleues. Il y a
intercalation de formations lacustres et gypseuses. Les fossiles pliocènes
se rencontrent dans ces couches. C'est là une série de faits qui, sans être
concluants, méritent de retenir l'attention.

De plus, la position de ces deux formations, nettement au-dessus du
Tortonien bien caractérisé, et surmontées elles-mêmes par le Pliocène,
donnent cependant une certaine force à l'argumentation précédente. Aussi,
je n'hésite pas à classer le Sahélien au niveau du Pontique, les couches
marneuses inférieures (bleues à Cinq-Palmiers, blanches à Renault) avec
les gypses se plaçant sur l'horizon de la formation *gessoso-solfifera*.

Une analogie non moins frappante existe avec les couches que
MM. Bertrand et Kilian ont rencontré dans la province de Grenade, et
qu'ils rapportent au Messinien.

C'est une série puissante de marnes avec gypse et intercalation de
calcaire lacustre à *Planorbis Mantelli* Duncker, et qui repose à Escuzar
sur des calcaires à Mélobésies.

Si l'on se reporte à la composition du Sahélien aux environs de Renault, on pourra se convaincre que ces deux séries de couches représentent certainement les mêmes horizons.

Si l'on ajoute à cela que cette formation est discordante en Espagne sur les couches qui représentent le Tortonien, tout comme le Sahélien l'est en Algérie, le doute n'est plus possible et il faut bien admettre que c'est du Sahélien que MM. Bertrand et Kilian ont signalé en Andalousie. D'ailleurs, il serait bien étonnant que le Sahélien, si développé dans le Dahra et sur la côte Ouest d'Algérie, c'est-à-dire tout près des côtes d'Espagne, n'ait pas laissé de traces dans ce pays.

Or, MM. Bertrand et Kilian n'ont pas hésité pour classer leur formation gypsifère dans le Messinien, au niveau de la formation gessoso-solfifera d'Italie, c'est-à-dire dans le Miocène supérieur tel qu'on le comprend aujourd'hui. Le Sahélien d'Algérie vient donc bien se placer au même niveau, ou plutôt ce sont les formations analogues d'Espagne et d'Italie qui doivent venir se classer dans le Sahélien, puisque la classification qui fait de ces couches du Miocène supérieur est relativement récente tandis que celle établie en Algérie est de beaucoup plus ancienne.

Pour compléter cette étude du Sahélien, ajoutons la liste des fossiles recueillis dans le faciès à Mélobesies qui se développe, surtout dans l'Ouest, à partir d'une ligne Cassaigne-Perrégaux.

| | | | | | | |
|---|---|---|---|---|---|---|
| *Ostrea cochlear* Poli. | | | | *Toxobrissus Oranensis* Pomel Oran. | | |
| *Clypeaster Simus* Pomel Oran. | | | | *Opissaster polygonalis* | — | — |
| *Clypeaster Sinuatus* | — | — | | *Trachyaster globosus* | — | — |
| *Spatangus excisus* | — | — | | *Schizaster Sahéliensis* | — | — |
| *Spatangus depressus* | — | — | | *Schizaster attenuatus* | — | — |
| *Spatangus Oranensis* — Perrégaux, Sig. | | — | | *Echinolampas-Hayesianus* Pomel Oran, Sig, Perrégaux. | | |
| *Spatangus Saheliensis* — | — | | | *Cidaris prionopleura* Pom. Or. Perr. | | |
| *Peribrissus Saheliensis* — | — | | | *Anapesus Saheliensis* — — — Sig. | | |
| *Peribrissus ovatus* — Sig. | | | | | | |
| *Brissopsis latipetalus* — — Perrégaux. | | | | *Anapesus maurus* Pomel Oran, Sig. | | |
| *Brissopsis depressus* — Oran. | | | | *Oligophyma Oranense* — — — | | |
| *Toxobrissus latus* — — | | | | *Arbacina Saheliensis* — — | | |

## § 5. — PLIOCÈNE

Le Pliocène surmonte partout en discordance les couches sous-jacentes. Cette discordance est admise par tous les auteurs pour les couches d'Oran et de Mostaganem. Il est vrai que, pour certains d'entre eux, ces couches seraient du Pliocène supérieur, ce qui expliquerait la discordance.

J'ai montré la continuité des grès de Mostaganem avec ceux qui bordent au Nord la plaine du Chélif. Vers l'Ouest, les couchés de Mostaganem se continuent vers Perrégaux et St-Denis-du-Sig, où elles forment, au pourtour de la plaine de l'Habra, une bande étroite reliant le plateau de Mostaganem aux couches des environs d'Oran. La discordance nette n'est pas visible partout, mais j'ai montré suffisamment de points pour admettre non une dislocation locale ayant amené les couches dans leur position actuelle discordante, mais bien un phénomène général résultant d'un changement notable dans la mer au début de l'époque pliocène. J'ajouterai que, souvent trompé par des mouvements de glissements récents prêtant à une interprétation fausse, j'ai toujours tenu compte de ces glissements locaux et n'ai basé mes résultats que d'après l'étude de régions ne présentant pas ces accidents. C'est à un de ces accidents, ayant un caractère un peu plus général cependant, quoique récent, que j'attribue le relèvement presque jusqu'à la verticale des couches pliocènes en certains points de la bordure de la plaine du Chélif. Si on examine, en effet, les régions où les grès inférieurs du Pliocène sont en contact avec des couches solides : grès (Oued Fodda), calcaires (Perrégaux), quartzites (Ouïllis-Mostaganem), on pourra constater leur inclinaison très faible, tandis que, sur les points où ils reposent sur les marnes glissantes du Sahélien et en bordure de ces marnes, ils présentent toujours une inclinaison très forte. Si l'on tient compte de ce fait que la vallée du Chélif s'est creusée précisément dans les marnes sahéliennes, au pied de l'escarpement des grès pliocènes, il semble naturel d'admettre que, par suite des érosions considérables qui ont affecté les marnes au point de les faire disparaître complètement (Inkermann), les grès non soutenus se soient affaissés sur toute leur bordure Sud (sauf en quelques points), donnant ainsi aux couches une inclinaison plus forte que celle qu'elles devraient avoir réellement.

La preuve que les érosions ont joué un rôle considérable dans la plaine du Chélif, réside en ce fait qu'à Inkermann et sur toute la bordure Sud, les calcaires à Melobesies eux-mêmes ont été enlevés en partie et que la presque totalité de leurs couches n'arrive même plus à la plaine.

Ce phénomène, dû à l'érosion, est à rapprocher de celui que j'ai déjà signalé à Carnot pour les grès helvétiens supérieurs. J'en ai toujours tenu compte dans cette étude et j'ai été ainsi amené à considérer comme ayant été soumises à des simples glissements des couches qui semblent, au contraire, indiquer des mouvements considérables du sol.

Nous avons vu que la composition du Pliocène était la suivante à Carnot :

1º Sables et grès à *helix* cf. *subsemperiana* Crosse, *H. fossulata* Pom.;

2º Sables rouges et conglomérats.

84

Les couches inférieures deviennent marines à Ababsa, où l'on rencontre à la base :

*Ostrea lamellosa* Lmk.        *Pecten opercularis* Lmk.
*Pecten scabrellus* Lmk.

Ce niveau se poursuit jusqu'à Rabelais, toujours caractérisé par la présence de l'*Ostrea lamellosa* et de l'*Ostrea edulis.* Chez les Medjadja, on y trouve, en outre, *Pecten flabelliformis* et l'*Ostrea digitalina* en même temps qu'apparaît une faune de gastropodes et de lamellibranches. Cette faune se trouve dans les grès, et non dans les marnes sous-jacentes qui sont sahéliennes, et comprend tant aux Cinq-Palmiers qu'à Tadjena et Rabelais :

*Arbacina Badinskyi* Pom.        *Venus plicata* Gml.
*Turritella vermicularis* Broc.        *Corbula gibba* Olivi.
*Turritella subangulata* Broc.        *Astarte obliquata* Lmk.
*Turritella communis* Risso.        *Cardita intermedia* Broc.
*Natica helicina* Sismond.        *Cardium echinatum* Linné.
*Natica millepunctata* Sismond.        *Isocardia cor* Linné.
*Solarium simplex* Bron.        *Nucula placentina* Lmk.
*Turbo rugosus* Dubois.        *Limopsis aurita* Broc.
*Vermetus intortus* Linné.        *Arca diluvii* Lmk.
*Cancellaria cancellata* Grat.        *Chama gryphoides* Linné.
*Conus striatulus* Broc.        *Pecten Jacobeus* Linné.
*Chenopus pespelicani* Phil.        *Pecten scabrellus* Lmk.
*Dolichotoma catanhracta* Bell.        *Pecten opercularis* Linné.
*Pleurotoma dimidiata* Grat.        *Pecten flabelliformis* Defr.
*Pleurotoma turricula* Broc.        *Pecten complanatus* Sow.
*Nassa prismatica* Broc.        *Pecten cristatus* Bronn.
*Nassa semistriata* Broc.        *Pecten pusio* Pennant.
*Nassa mutabilis* Linné.        *Pecten polymorphus* Bron.
*Nassa serrata* Broc.        *Ostrea foliacea* Broc.
*Phos polygonum* Broc.        *Ostrea lamellosa* Lmk.
*Crepidula unguiformis* Lmk.        *Anomia ephippium* Linné.
*Venus multilamella* Lmk.        *Flabellum Michelini* Edw.

Cette faune, comparée à celle des environs d'Alger (Douéra-Birtouta), renferme un grand nombre d'espèces communes qui, par leur abondance, caractérisent le Pliocène inférieur. Ce sont :

*Nassa prismatica* Broc.        *Turbo rugosus* Linné.
*Nucula placentina* Lmk.        *Vermetus intortus* Linné.
*Limopsis aurita* Broc.        *Crepidula unguiformis* Lmk.
*Chama gryphoides* Linné.        *Ostrea lamellosa* Lmk.

que je n'ai jamais rencontrés dans le Sahélien.

Le *Pecten complanatus*, assez rare, est identique à celui que l'on trouve dans la mollasse de Mustapha.

L'*Astarte obliquata* si abondante dans les couches de Douéra et de Birtouta, est assez commune à Rabelais et pas encore signalée dans le Sahélien.

Il y a donc là, avec la disparition d'un certain nombre de types tels que *Pleurotoma ramosa, Cardita Partschi, Turritella turris,* etc., l'indication d'une faune plus jeune, qui présente de grandes analogies avec celles de Millas (Roussillon).

Vers l'Ouest, au télégraphe des Beni-Zeroual, on retrouve une faune identique accompagnée de quelques échinides :

*Spatangus subinermis,* que l'on trouve aussi à Mustapha.

*Brissopsis tuberculatus.*          *Schizaster speciosus.*

*Opissaster déclivis.*              *Echinolampas algirus.*

*Schizaster maurus.*               *Anapesus afer.*

*Anapesus serialis* qui se retrouve aussi à Douéra.

Cette faune[1], dont le caractère pliocène est bien net, présente la plus grande analogie de formes avec la faune des environs d'Alger et avec celle des Pyrénées-Orientales.

La discordance que j'ai signalée de ces couches sur celles du Sahélien, et la présence d'une faune pliocène bien caractérisée, ne permet pas de les rattacher au Miocène, mais justifie, au contraire, leur attribution au Pliocène.

Il est impossible de reconnaître dans ces couches les divisions classiques :

*Plaisancien.*

*Astien.*

Les couches qui renferment la faune que nous venons de signaler et qui correspond aux grès et sables inférieurs, doivent probablement se rapporter au Pliocène inférieur, c'est-à-dire à l'Astien et au Plaisancien. C'est l'équivalent de la Mollasse de Mustapha, dans laquelle il est impossible de faire de divisions. Nous conserverons donc notre dénomination de Pliocène ancien pour ces couches marines fossilifères.

Le *Pliocène récent,* auquel je rattache les sables rouges et les poudingues qui surmontent partout les couches inférieures fossilifères, est très développé dans la plaine du Chélif, où il conserve un caractère alluvionnaire bien net. Je n'ai aucune preuve paléontologique pour rattacher

---

1. Cette faune pliocène a déjà été signalée aux environs d'Orléansville par VILLE *(Notice Minéralogique des provinces d'Alger et d'Oran)* et par NICAISE *(Catalogues des Animaux fossiles, 1870, et Notes inédites).*

ces couches au Pliocène supérieur ou Sicilien. La seule raison stratigraphique que je possède est la concordance parfaite de ces couches avec les inférieures fossilifères et leur discordance avec les formations alluvionnaires des grandes plaines qui sont considérées comme représentant le quaternaire ancien. Cette formation se retrouve sur toute la bordure de la plaine, depuis Carnot jusqu'à la hauteur de Relizane. On la retrouve, sur le plateau de Bel-Acel, à l'état de faibles témoins isolés, mais bien caractérisés. Près de la station de l'Oued Kheïr, elle présente, intercalée à la base des poudingues, une formation lacustre peu étendue, représentée par des calcaires dans lesquels je n'ai trouvé aucune indication paléontologique.

## § 6. — QUATERNAIRE

1° **Plages soulevées.** — Sur toute la côte du Dahra et jusqu'à Cherchell, on peut observer des dépôts marins presque horizontaux, généralement composés d'un grès grossier pétri de coquilles bien conservées, passant par place à des poudingues à gros éléments.

A partir de Ténès, et vers l'Ouest, la plage quaternaire forme une terrasse large d'environ 200 mètres à l'altitude de 40 à 45 mètres ; l'épaisseur de ces couches atteint une dizaine de mètres, reposant jusqu'au Cap Kala sur le Crétacé supérieur (Sénonien ou Danien).

A Ouzidan, elle est plus restreinte en surface, formée d'éléments plus conglomérés (Poudingues à Pectoncles), n'atteignant qu'une altitude de 20 mètres et 5 mètres d'épaisseur seulement. Elle repose là sur les grès et poudingues cartenniens. Sur la rive gauche de l'Oued Tarzout et jusqu'au coude de la côte, en face de l'île Colombi, elle forme une bande atteignant 2 kilomètres de large et qui se maintient à l'altitude de 50 mètres environ ; elle est alors constituée par des grès sableux pétris de petits gastropodes : *Conus, Cerithium vulgatum* et quelques lamellibranches : *Venus, Pectunculus.*

Dans les Achacha, elle forme, au Nord du plateau cartennien, une terrasse plus basse n'atteignant qu'une dizaine de mètres d'altitude et composée en grande partie d'éléments cartenniens à l'état bréchoïde dans un grès grossier à pectoncles.

A la bordure du plateau de Ouillis, la plage quaternaire n'est pas visible, elle y est, cependant, indiquée par des dunes qui recouvrent les dépôts cartenniens et qui s'élèvent jusqu'à une altitude de 30 mètres environ.

Le long de la côte, au Sud de Mostaganem, elle est, au contraire, bien visible, formant une étroite terrasse qui repose, à 10 ou 15 mètres d'altitude, tantôt sur les dépôts du Pliocène inférieur, tantôt sur le Sahélien toujours en discordance. Là encore les pectoncles et les vénus abondent dans un grès grossier mais avec eux se trouve le fossile le plus remarquable de ces dépôts, le *Strombus méditerraneus*, aujourd'hui disparu de la Méditerranée.

Il semble qu'il y ait deux niveaux de plages soulevées, le plus ancien atteignant 50 mètres d'altitude vers l'Oued Tarzout, le plus récent ne dépassant pas 20 mètres. Cependant, en aucun point je n'ai pu constater la superposition des deux terrasses.

2° *Formations alluvionnaires.* — Les dépôts alluvionnaires comprennent : 1° les atterrissements caillouteux, en général assez élevés au-dessus du niveau actuel de la vallée et qui correspondent aux alluvions anciennes ; 2° les dépôts, généralement limoneux, qui forment le sol de la vallée et dans lesquels les rivières actuelles ont creusé leurs berges. Ces deux périodes correspondent, la première au quaternaire, la deuxième est récente.

Dans le Dahra, en dehors de la vallée du Chélif, peu de rivières sont assez importantes pour avoir laissé suffisamment de dépôts anciens qui permettent de reconstituer leurs cours à l'époque quaternaire.

Dans toutes ces rivières, il est impossible de reconnaître plusieurs niveaux de terrasses anciennes. L'Oued Ouaran, l'Oued Ras, l'Oued Ouarizane et l'Oued Tharria présentent, en quelques points, quelques terrasses bien nettes, mais peu élevées au-dessus du niveau actuel ; une vingtaine de mètres au maximum. Dans la vallée du Chélif je n'ai pu constater, de même, que deux niveaux, l'ancien et le récent. Les alluvions anciennes se montrent bien développées en surface auprès du coude d'Amoura et au Sud du village du Djendel. Elles atteignent 400 mètres d'altitude et se poursuivent de chaque côté de la vallée, non plus en plateaux proprement dits, mais avec des pentes assez fortes vers la plaine et atteignant toujours un niveau supérieur à 350 mètres. Sur le flanc N.-E. du Doui, près du pont du chemin de fer, des témoins alluvionnaires se trouvent sous les ruines romaines à 282 mètres d'altitude, dominant la vallée actuelle de 50 à 60 mètres. Ces dépôts se retrouvent partout en bordure de la plaine depuis Duperré jusqu'à l'embouchure du Chélif, se maintenant toujours sensiblement à ce niveau par rapport à celui de la vallée actuelle.

Le tableau ci-après résume l'équivalence des formations néogènes de l'Algérie avec la classification généralement adoptée en France.

| | | | HAMMAM-R'IRHA | CARNOT | INKERMANN | DAHRA | EUROPE MÉRIDIONALE | | |
|---|---|---|---|---|---|---|---|---|---|
| PLIOCÈNE | RÉCENT | | » | Conglomérats rouges et sables alluvionnaires | Conglomérats et sables rouges | Conglomérats et sables rouges | » | SICILIEN | |
| | ANCIEN | | | Sables et grès à *helix* | » | Sables et grès à *Ostrea lamellosa* | Millas | ASTIEN PLAISANCIEN | |
| TERRAINS MIOCÈNES | SAHÉLIEN | | » | Marnes bleues de Carnot | » | Marnes à *O. cochlear*<br>Calc. à *lithothamn.*<br>Gypse<br>Marnes blanc. à Silex<br>Tripoli<br>Zône micacée | Marnes à *Congéries*<br>Formation gypseuse d'Italie et d'Espagne<br>Tripoli | PONTIEN | |
| | HELVÉTIEN | Supérieur | Grès du Gontas passant à<br>Marnes et grès à<br>*Ostrea crassissima* | Grès à *Ostrea crassissima* | Grès à *O. crassissima*<br>Calc. à *lithothamn.*<br>Marnes de Kalaä<br>Marnes et grès à *Pecten Depereti* | Poudingues à *Ostrea crassissima*<br>Calc. à *lithothamn.*<br>Grès à *Clypéastres* | Marnes de Cabrières<br>Mollasse jaune de Cucuron | TORTONIEN | 2e Étage Méditerranéen VINDOBONIEN |
| | | Moy. | Marnes des Bou-Allouane | Marnes de l'Oued Boukalli | Marnes de l'Oued Riou | Marnes de la Plaine de Gri | Sables et grès du Dauphiné | HELVÉTIEN | |
| | | Inférieur | Grès de Bou-Medfa<br>Calc. *à lithothamn.*<br>Marnes et poudingues à *O. crassissima* | Grès et marnes à *lithothamnium* | Grès et poudingues à *O. crassissima* | | Sables et grès à *O. crassissima* | | |
| | CARTÉNNIEN | Supérieur | Marnes dures à cassure conchoïde<br>Marnes à facies langhien | Marnes dures | Marnes dures | Marnes dures | Marnes langhiennes | BURDIGALIEN | 1er Étage Méditerranéen |
| | | Inférieur | Poudingues et grès à *Pecten præscabriuscules* | Marnes gréseuses à *Spongiaires et polypiers*<br>Calcaires à *lithoth.*<br>Poudingues et grès | Poudingues et grès | Grès à *échinides*<br>Poudingues | Calcaires à *Pecten præscabriusc.*<br>de la vallée du Rhône<br>Poudingues | | |

CHAPITRE V

# CONSIDÉRATIONS SUR L'EXTENSION DES MERS NÉOGÈNES

## DANS L'OUEST DE L'ALGÉRIE

---

Dans ce paragraphe, j'étudierai d'abord les limites des mers dans le Dahra où, par suite des nombreux documents que je possède, je puis indiquer exactement l'extension de chacune de ces mers. Je m'étendrai, ensuite, sur les régions voisines sur lesquelles j'ai quelques observations personnelles, qui, jointes aux études antérieures des divers auteurs qui se sont occupés de ces régions de l'Ouest, me permettront de donner un aperçu plus général, mais aussi plus douteux.

1° **Dans le Dahra.** — Il est probable que toute la région du Dahra était émergée à la fin de l'Éocène supérieure. A la fin de l'Oligocène, la mer était localisée le long des côtes actuelles et ne pénétrait qu'à peu de distance dans l'intérieur, déposant les grès siliceux blancs nettement marins à Cherchell. Avec le *Cartennien*, la mer envahit toute la région du Dahra et du Chélif, recouvrant le massif de Ténès et s'étendant vers l'Est, jusque chez les Zatyma et les Beni-M'nacer, pour gagner ensuite le massif d'Hammam-R'irha et celui de Mouzaïa-Blida. Au Nord, le rivage de la mer cartennienne est nettement indiqué par les formations de poudingues à gros éléments sur le flanc du massif ancien qui, de la Kabylie, se poursuit par Alger (Bouzaréa), Cherchell et Ténès pour se prolonger ensuite en Espagne, aux environs de Grenade et de Malaga. La rive Nord ne paraît donc pas s'éloigner beaucoup de la côte actuelle, au moins depuis Alger jusqu'à l'île Colombi. Le seul point du Dahra qui paraît n'avoir pas été recouvert est *la crête des Zatyma*, qui formait une île étroite, allongée de l'Ouest à l'Est, se rattachant peut-être au massif du Zaccar. Nous avons vu, en effet, sur le flanc de cette crête, chez les Beni-bou-Mileuk, les poudingues à faciès de rivage très développés et formant une petite bande parallèle à la chaîne. Un peu au Sud, une deuxième zone constituée par les calcaires à *lithothamnium*, indique la présence du rivage à peu de distance. Sur le flanc Nord de cette chaîne, les poudingues sont indiqués vers Gouraya et devaient ainsi former une ceinture continue vers l'Ouest, si l'on en juge par les quelques témoins restés chez les Larhat. Vers l'Est, les poudingues se poursuivent jusqu'à Cherchell. Chez les Beni-M'nacer, la limite devient plus douteuse, aucun dépôt de cet âge n'existant dans cette région ; cependant, si l'on tient compte de ce fait que les poudingues entourent presque complètement ce massif par Marguerite, Hammam-R'irha et Camp-des-Guêtres, où il existe une formation coralligène analogue à celle que nous avons indiquée chez les Beni-bou-Mileuk, il faut admettre que toute la partie élevée des Beni-M'nacer et des Zatyma était émergée à l'époque cartennienne.

Le rivage de la mer *helvétienne*, dans le Dahra, peut être indiqué d'une façon plus précise. Dans le bassin de Bou-Medfa et d'Hammam R'irha, le rivage est nettement indiqué par les dépôts conglomérés que nous avons vus exister à la base de la formation, il suivait une ligne à peu près Est-Ouest depuis l'Oued Bou-Roumi à Bou-Medfa, et remontait un peu vers le Nord pour former un golfe assez profond vers Hammam-R'irha. De là, le rivage s'étendait vers l'Ouest, contournait le Djebel Ouamborg un peu en dessous de la crête. Il suivait ensuite le bord du massif de Miliana, le contournait par le Sud du Djebel Douï et atteignait les Beni-Ghomerian, où il se redressait vers l'Ouest en suivant une ligne Nord-Ouest, passant au Nord de Kherba, à la Sra-Kechach (Nord de Carnot) et atteignait ainsi le Sud du massif de Ténès au Tachta.

Depuis les Beni-Ghomerian au Tachta, le rivage n'est pas suffisamment indiqué. La présence de couches à *lithothamnium*, sur le flanc de la Sra-Kechach, indique que le rivage n'était pas très éloigné au Nord ; d'ailleurs, l'absence de tout dépôt helvétien, au Nord de la ligne que je viens d'indiquer, semble prouver que la mer helvétienne n'a pas pénétré plus au Nord dans cette partie du massif de Miliana.

Des Tachta, le rivage se maintenait à la bordure crétacée jusqu'à Flatters, s'étendait brusquement vers le Nord pour former un golfe largement ouvert vers Montenotte et Cavaignac, et se dirigeait parallèlement au cours de l'Oued Allalah jusque dans le massif des Baâch. A partir de ce point et vers l'Ouest, le rivage est indiqué par une légère transgressivité des grès à *clypéastres* et la présence de calcaires à *lithothamnium* dans ces grès ; il suivait une ligne un peu sinueuse longeant l'Oued Oukahal et l'Oued Kramis jusqu'au coude de cette rivière, pour se diriger ensuite vers le Nord. Comme cette disposition du rivage l'indique, le massif de Miliana et celui de Ténès étaient presque complètement émergés à l'époque helvétienne. Mais toute la partie Ouest du Dahra a été recouverte par cette mer, ainsi d'ailleurs que la plaine du Chélif.

La mer *sahélienne* a eu comme rivage au Sud, les calcaires à *lithoth.*

de la rive gauche du Chélif, depuis Perrégaux jusqu'à l'Oued Fodda. De l'Oued Fodda à Duperré, rien ne peut faire préciser le rivage exact, il est probable que les couches de l'Helvétien supérieur se poursuivaient de façon à rejoindre celles des Beni-Ghomerian, limitant ainsi la mer sahélienne dont le rivage devait correspondre à une ligne plus ou moins droite dirigée O.-E., passant un peu au Nord du Temoulga, un peu au Sud du confluent de l'Oued Rouïna et, de là, rejoignant Kherba en décrivant une courbe assez prononcée vers El-Zid, où la présence d'éléments roulés dans les marnes indiquent bien le voisinage du rivage.

D'El-Zid, le rivage se dirigeait vers l'Ouest, passait un peu au Nord de Carnot, suivait une ligne indiquée par le cours actuel de l'Oued Laoussas, au Nord des Beni-Rached, s'infléchissait vers le Nord pour gagner les Trois-Palmiers, venait passer un peu au Nord de Rabelais, à Renault, longeait le massif crétacé de Sidi-Slimane qui formait un éperon remarquable dans la mer sahélienne, contournait cet éperon, gagnait Negmaria et l'Oued Kramis, région dans laquelle la mer sahélienne envoyait un fiord étroit jusqu'au Nord du Kef Chakour. Le rivage contournait ce fiord et, par l'Oued Zérifa, atteignait la côte actuelle. Comme l'indique ce contour, la mer sahélienne n'a pas dépassé, vers l'Est, le massif du Douï; elle était, au contraire, largement ouverte vers l'Ouest, depuis l'Oued Zerifa jusqu'à Arzew qui devait constituer une île peu importante, ainsi d'ailleurs que le massif schisteux d'Oran.

2° **Dans le Sud et l'Ouest.** — Les limites précises des mers cartenniennes et helvétiennes vers le Sud sont assez difficiles à indiquer. La mer cartennienne s'étendait jusque vers le Maroc, formant un golfe profond vers Lalla-Marnia entre les massifs anciens des Traras et de Garrouban. Vers l'Est, aucun dépôt n'affleure depuis Lalla-Marnia jusqu'à Mascara; cependant, il est probable que la mer s'étendait jusqu'au pied du massif jurassique qui se profile depuis Tlemcen jusque vers Sidi-bel-Abbès et Mascara. Un peu à l'Est, vers la Mina, la mer se divisait en deux bras, l'un qui se dirigeait au Nord pour atteindre les Anatra et le bassin du Chélif, l'autre qui contournait le massif de l'Ouarsenis par le Sud, jusqu'à la hauteur de Téniet où les deux bras se réunissaient de nouveau, faisant du massif actuel de l'Ouarsenis une île assez grande. Vers le Sud, la mer cartennienne ne paraît pas s'être avancée plus loin qu'une ligne Tiaret-Téniet et devait constituer, dans cette région, un long canal isolant le massif de l'Ouarsenis du massif jurassique du Sersou; à moins, cependant, que les traces du miocène signalées à Chellala et considérées comme helvétiennes n'appartiennent réellement au Cartennien, ainsi que semblent l'indiquer quelques fossiles que j'ai eu l'occasion de voir récemment.

D'ailleurs, quelle que soit la bordure Sud, il est un fait certain, c'est que l'île de l'Ouarsenis se terminait à Téniet-el-Haâd, et que la mer Cartennienne s'étendait jusqu'à l'Ouest de Taza, communiquant largement, d'une part, avec le bassin du Chélif, d'autre part avec celui de Boghar, Aumale et la région du Hodna.

Les mouvements importants qui ont suivi le dépôt du Cartennien ont rejeté la mer dans une région qu'il nous est impossible d'indiquer, puisque, nulle part, nous n'avons pu constater une sédimentation continue pendant la durée du Cartennien et de l'Helvétien. Mais, ce qu'il y a de certain, c'est que des érosions considérables ont affecté les dépôts du Cartennien avant le retour de la mer helvétienne.

La mer helvétienne a pénétré dans le bassin du Chélif, venant du Nord-Ouest et a envahi une grande partie du Tell et des Hauts-Plateaux. A ce moment, il existait dans le Nord des départements d'Alger et d'Oran un grand continent, qui s'étendait depuis le massif de Blida jusqu'à Ténès, se reliant probablement au massif ancien sur toute la partie comprise entre Cherchell et Ténès. Le massif du Douï est émergé et se soude à celui de Miliana, obligeant la mer à le contourner pour s'étaler dans le bassin d'Hammam-R'irha-Médéa, limitant ainsi une grande presqu'île qui séparait le bassin de Médéa de celui du Chélif. L'île de l'Ouarsenis s'est aussi agrandie et s'est probablement réunie au massif des Matmata; je n'ai, d'ailleurs, pas de documents précis à ce sujet, mais aucun dépôt helvétien n'a encore été reconnu dans cette région. Plus à l'Ouest, la mer helvétienne empiète dans le massif des Traras et pénètre au Maroc, de même vers Tlemcen elle avance plus au Sud dans le massif jurassique. Le seul témoin de Terni ne suffit pas à indiquer s'il provient d'un golfe étroit détaché vers Tlemcen ou si on doit le considérer comme faisant partie de dépôts de cet âge, qui auraient recouvert ce massif jurassique. Dans les deux cas, la mer helvétienne semble avoir dépassé, vers le Sud, les limites de la mer précédente. Il en est de même pour plus à l'Est vers Tiaret, la mer helvétienne a certainement empiété sur le plateau du Sersou, mais il est difficile d'indiquer sa limite approximative, tant vers le Sud que vers l'Est. L'îlot de Chellala pourra peut-être fournir, à ce sujet, quelques indications, mais actuellement les renseignements que je possède ne me permettent pas d'élucider la question.

Quoi qu'il en soit, on voit que si la mer helvétienne a pénétré plus au Sud que la mer cartennienne, elle n'a occupé, dans l'Ouest de l'Algérie, qu'une surface bien moindre, et que si on la considère comme transgressive par rapport au Sud, elle est régressive dans le Tell.

Avec le Sahélien, la mer envahit de nouveau la vallée du Chélif et pénètre jusqu'à Duperré. Pendant cette période, le Dahra s'exhausse lentement, la mer se retire vers le Sud, laissant subsister vers le Nord de grandes lagunes où se déposent les formations gypseuses et ligniteuses, en même temps que vers Renault, des conditions spéciales qu'il est difficile de préciser permettaient la formation d'un bassin lacustre entre la crête crétacée et un ridement secondaire de l'Helvétien.

Avec le Pliocène, la régression marine s'accentue, la mer abandonne la plaine des Attafs, mais se maintient dans celle d'Orléansville. C'était une mer peu profonde, puisque tous ses dépôts sont sableux ou gréseux, plus largement étalée vers Mostaganem, où elle occupait toute la région littorale depuis l'Oued Kramis jusqu'au delà d'Oran, et pénétrait dans l'intérieur jusqu'aux pieds des côteaux de Perrégaux et de Saint-Denis-du-Sig.

Comme conclusion à cette étude, j'ajouterai que la transgression helvétienne, si importante en Europe, ne paraît pas avoir, en Algérie, une importance aussi grande, et s'il est vrai que la mer helvétienne s'est avancée, au moins dans l'Ouest de l'Algérie, plus loin vers le Sud, elle n'a pas occupé, dans le Tell, une surface aussi grande que celle recouverte par la mer cartennienne. Les érosions importantes de chacun des étages avant le dépôt des couches plus récentes ne permettent pas d'admettre, pour cette région de l'Algérie, une émersion lente et continue. C'est à la suite de mouvements remarquables, auxquels le Cartennien seul a pris part, que le massif de l'Atlas a été en partie émergé, mais ce n'est qu'à la fin du Tortonien (Helvétien Pomel) qu'il l'a été complètement. Des mouvements postérieurs ont certainement eu lieu, mais ont peu modifié la configuration du massif de l'Atlas.

En dehors du Dahra, que j'ai étudié spécialement, j'ai puisé de nombreux renseignements, tant dans les travaux de M. Pomel que dans ceux de MM. Repelin et Welsch. MM. Pomel et Ficheur m'ont, en outre, gracieusement communiqué leurs observations inédites sur cette région de l'Ouest de l'Algérie.

# CHAPITRE VI

# HISTORIQUE

Les terrains néogènes furent reconnus, dès les premières explorations, par leur faciès et leurs nombreux fossiles, mais aucune notion précise de leurs relations et de leurs répartitions n'est indiquée, au moins dans l'Ouest de l'Algérie.

M. Pomel, se basant sur les discordances qu'il avait observées, divisa le miocène en trois termes :

*Cartennien* ;

*Helvétien* ;

*Sahélien ;*

et essaya de synchroniser ces formations avec celles d'Europe ; c'est ainsi que la présence des gypses dans le Sahélien et aussi de la faune miopliocène lui fit admettre une équivalence vague avec « les couches du pays de Tortone » et, peut-être aussi, en y comprenant le Plaisancien. Mais le principal argument et le plus important, dont M. Pomel se soit servi pour établir sa classification, est les discordances qui séparent nettement les trois divisions.

Plus tard M. Bleicher, se basant sur la détermination de fossiles de Mascara par M. Mayer, emploie le terme de *Tortonien* pour ces couches. D'après M. Pomel, cés couches sont comprises dans l'Helvétien tel qu'il l'a établi, c'est-à-dire dans le Miocène moyen et se refuse à voir là les couches équivalentes du Miocène supérieur d'Europe. Le Tortonien était, en effet, considéré alors comme représentant le Miocène supérieur ; aujourd'hui que le *Tortonien* n'est plus que la partie supérieure du Miocène moyen, on peut employer ce terme pour les couches fossilifères de Mascara, de Calaâ qui représentent ce niveau en Algérie.

M. Welsch, dans ses divers mémoires sur les terrains néogènes de l'Algérie, combat et refuse d'admettre la classification de M. Pomel. D'abord, il nie les discordances générales, admettant qu'il put y en avoir de locales, il essaye ensuite de démembrer le Cartennien et de n'en faire

96

qu'un facies spécial de l'Helvétien inférieur Pomel. Nous avons vu que l'Helvétien inférieur surmontait les couches cartenniennes aux environs d'Hammam-R'irha et en bien d'autres points, et qu'il le surmontait en discordance. Nous avons contaté aussi que l'Helvétien inférieur passait à des marnes qu'il n'était pas toujours aisé de séparer des marnes de l'étage moyen, mais nous n'avons jamais constaté le passage à un facies cartennien. Partout, au contraire, j'ai signalé l'indépendance des deux formations par suite d'une discordance générale.

Cet auteur reconnait ensuite l'équivalence des calcaires à mélobésies de la rive gauche du Chélif et des grès du Gontas, il en fait un facies spécial des marnes de Carnot, et leur applique le terme de Tortonien. Je suis complètement d'accord, à ce sujet, avec M. Welsch, sauf réserve pour les marnes de Carnot, qui sont bien sahéliennes et non tortonniennes, tandis que les grès du Gontas et les calcaires de la rive gauche du Chélif sont bien tortoniens.

Au cours de cette étude, j'ai pu montrer le passage des grès supérieurs de l'Helvétien Pomel (= Tortonien Mayer) aux calcaires à mélobésies, et j'ai pu ainsi prouver la justesse de l'hypothèse de M. Welsch.

À cette époque, le terme de Tortonien, employé par M. Welsch, semble l'être comme équivalent au terme Sahélien ; plus tard, lorsque M. Depéret a jeté un jour nouveau dans la classification des terrains néogènes, en admettant la possibilité, pour le Sahélien, de représenter l'équivalent marin des couches pontiques, M. Welsch modifia sa classification et répartit le Sahélien en trois termes :

*Tortonien.* — Grès du Gontas et marnes de Carnot ;

*Sarmatien = Oranien* Welsch. — Poudingues du Gontas ; grès et poudingues de Carnot ; marnes inférieures aux gypses ; marnes à silex ;

*Pontien = Dahrien* Welsch. — Couches des Cinq-Palmiers (marnes et grès).

J'ai montré que les grès et les poudingues du Gontas ne pouvaient être séparés et qu'ils étaient bien Tortoniens. Que les marnes de Carnot étaient l'équivalent des marnes à silex, des gypses et des marnes des Cinq-Palmiers supérieures aux gypses ; que de plus, les grès et poudingues de Carnot étaient l'équivalent des grès dahriens des Cinq-Palmiers et que, par conséquent, il est impossible d'admettre la classification de M. Welsch pour les couches du Miocène supérieur d'Algérie. C'est à ces couches que M. Pomel a précisément donné le nom de *Sahélien,* et qui correspondent, ainsi que M. Depéret en émit d'abord l'idée, à un facies marin du Miocène supérieur.

M. Repelin, qui a confirmé les discordances entre les divers étages miocènes, a le premier, signalé le passage des calcaires à *lithothamnium* de la rive gauche du Chélif à des marnes à faune tortonienne et a ainsi prouvé l'âge tortonien de ces calcaires, que M. Welsch avait déjà signalé, sans cependant l'avoir démontré. M. Repelin emploie le terme de Sahélien comme équivalent d'un ensemble qui comprendrait le Tortonien et le Miocène supérieur et semble vouloir rapporter les marnes de Carnot sur l'horizon des calcaires à *lithothamnium*.

Nous avons vu que le terme de Tortonien s'appliquait parfaitement aux calcaires et aux marnes de Calaâ, mais que les marnes de Carnot présentaient une faune beaucoup plus jeune, une faune sahélienne.

La classification qui résulte de mon étude est la suivante :

*Cartennien* = Burdigalien Dép. = 1ᵉʳ étage méditerranéen.

*Helvétien* = Helvét. (sens. str.) + Tortonien = 2ᵉ étage méditerranéen.

*Sahélien* = Pontique.

Autrement dit, la classification établie par M. Pomel, toute stratigraphique, correspond parfaitement à celle admise aujourd'hui par un grand nombre de géologues et dont la paléontologie a été pour ainsi dire la base.

# CHAPITRE VII

# ÉTUDES DES PLISSEMENTS

Je ne veux donner qu'une étude sommaire des plissements que présente la région du Dahra et la partie Ouest du massif de Miliana.

1° *Plis antemiocènes.* — Les contreforts Sud de la crête des Zatyma et les chaînons secondaires montrent trois plis synclinaux du Cénomanien légèrement déversés au Sud. Au Djebel M'ta El-Aneub, on peut observer les poudingues et grès cartenniens reposant à la fois sur le Cénomanien et sur le Gault déjà plissé.

Ces trois synclinaux dirigés parallèlement, suivant une direction O.-S.-O. E.-N.-E., sont faciles à reconnaître par suite des nombreux témoins des calcaires cénomaniens pincés dans les argiles schisteuses du Gault. Sur le versant Nord de la crête des Zatyma, on peut observer sur la piste muletière qui va de Rezzelia à l'Oued Damous, un premier anticlinal du Cénomanien, déversé au Nord, près du Col de Tizi-Entaka (feuille au $\frac{1}{50.000}$ de l'Oued Damous). Plus au Nord, un peu en dehors du même chemin, près de l'Aïn-Haddouch, on peut observer un pli analogue des mêmes couches mais déversé en sens inverse. De sorte que le Cénomanien présente là un pli en éventail renversé, au bord duquel le Sénonien a été étiré. Ce pli est difficile à suivre à travers un pays profondément découpé de ravins et où les bois et la broussaille gênent beaucoup l'observation. J'ai retrouvé la bouche Sud de ce pli plus à l'Est, sur le chemin qui conduit au village arabe de Irilyc, un peu au Nord de ce village.

Sur la côte, près de la ferme Buthion, dans la tranchée qui mène de la route à la plage, on peut observer de même, dans les grès daniens, un anticlinal fortement déversé au Nord et les couches daniennes repliées sous le Sénonien. Ainsi que le montre la coupe ci-dessous :

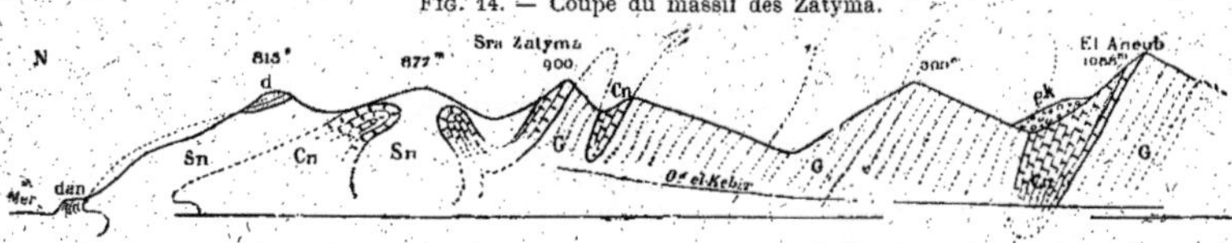


Fig. 14. — Coupe du massif des Zatyma.

Echelle des longueurs : $\frac{1}{200.000}$ ; des hauteurs : $\frac{1}{50.000}$

G. Gault. — Dan. Danien. — Cn. Cénomanien. — Pk. Cartennien. — Sn. Sénonien.

Cette région a été soumise, avant le dépôt du Cartennien, à de fortes pressions venant du Sud, dont le résultat a été l'écrasement des couches crétacées contre le massif ancien qui existe non loin de la côte, si l'on en juge par les témoins du Chenoua et du Cap Ténès. La complexité de ces plis s'est accentuée par suite des mouvements postérieurs au Cartennien, mais il n'est pas douteux qu'ils étaient déjà accusés au début du Cartennien.

2° *Plis antehelvétiens.* — Les environs de Ténès nous montrent aussi une région plissée dans laquelle le Cartennien joue un rôle prépondérant.

Au Djebel Hadid, on peut observer un renversement complet avec étirement des couches cartenniennes. Les couches inférieures gréseuses constituent, un peu au Sud, le Djebel Guelman-El-Hallouf où elles sont disposées en un pli en éventail qui recouvre légèrement les marnes cartenniennes, tant sur le bord Nord que sur le bord Sud.

Ce pli en éventail se poursuit jusqu'au Nord de Cavaignac, toujours très net, tandis que le pli renversé du Djebel Hadid se redresse pour se réduire à un anticlinal normal au Djebel Bou-Messaoud. A Cavaignac et plus à l'Ouest, on peut observer le contact des marnes helvétiennes et des couches cartenniennes, et on peut facilement se convaincre de la superposition de l'Helvétien sur le plis. C'est là une preuve nouvelle à ajouter à celles déjà signalées par M. Fichour, dans le massif de Blida, de mouvements importants ante helvétiens.

Fig. 5. — Coupe du Djebel Hadid.

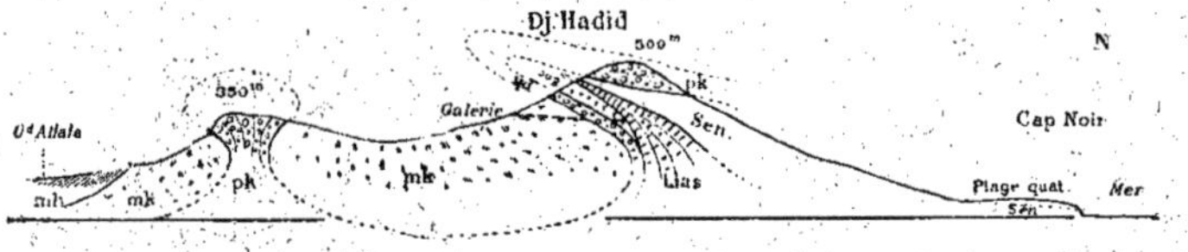

Fig. 16. — Coupe de Cavaignac.

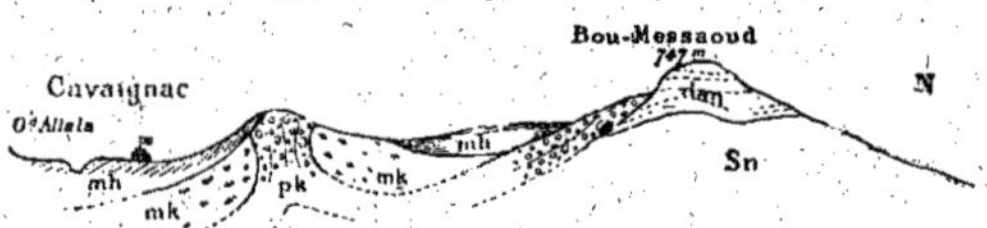

Échelle des longueurs : $\frac{1}{50.000}$ ; des hauteurs : $\frac{1}{25.000}$

L. Lias.  
Sn. Senonien.  
Dan. Danien.  
Eoc. Eocène.

Pk. Poudingues.  
Mk. Marnes.  
Mh. Marnes helvétiennes.

} Cartenniens.

3° Dans le Dahra proprement dit, c'est-à-dire dans la région de Renault, on peut constater :

1° Que le pli principal est indiqué par un anticlinal dirigé du S.-O. au N.-E., et qui se poursuit depuis Mostaganem jusque vers Ténès, où il se confond avec le pli principal qui se continue jusqu'à la grande crête des Zatyma. Dans le Dahra de Renault et de Cassaigne, ce pli est certainement post-Cartennien. Il a été recouvert en partie, vers l'Ouest, par l'Helvétien, mais la superposition directe sur le Crétacé des grès à clypéastres débordant les marnes inférieures, semble indiquer que ce bombement constituait un haut-fond dans la mer helvétienne. Au Nord, cet anticlinal est limité par un large synclinal dans lequel les dépôts cartenniens ont été plissés, et qui constitue la dépression qui borde, au Sud, le massif ancien aujourd'hui sous les eaux;

2° Au Sud, un anticlinal secondaire est indiqué par les calcaires à *lithothamnium* de Mazouna, qui paraît ne pas avoir intéressé le Sahélien, ainsi que l'indique l'érosion des calcaires avant le dépôt des premières couches sahéliennes. L'existence du bassin lacustre de Renault marque, d'ailleurs, le retrait du rivage vers le Sud;

3° Un troisième anticlinal est jalonné par les îlots gypseux. C'est dans l'axe de ce pli (que l'on a appelé l'axe pétrolifère du Dahra) que se montrent les nombreuses traces bitumineuses qui ont donné lieu aux recherches de pétrole dans cette région;

4° Enfin, le Pliocène a recouvert tous ces plis d'une couverture presque horizontale jusqu'en bordure de la plaine où les couches, fortement redressées, attestent un effondrement, par suite des érosions qui ont résulté des creusements de la vallée.

FIN

# TABLE DES MATIÈRES

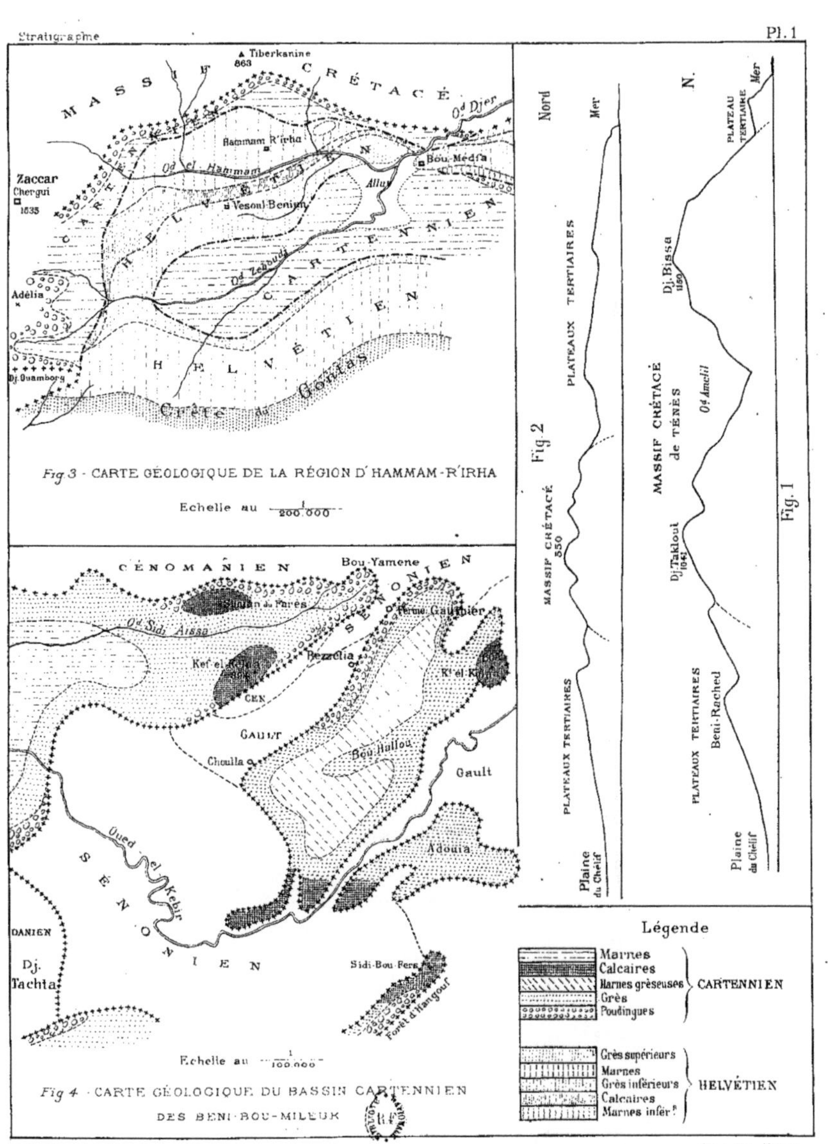
▲ Tiberkanine
863
MASSIF CRÉTACÉ
Od Djer
Hammam R'irha
Zaccar
Chergui
1535
Od el Hammam
Bou-Médfa
Allut
Vesoul-Benian
Od Zebbudi
Adélia
HELVÉTIEN CARTENNIEN
HELVÉTIEN
Dj. Ouamborg
Crête du Contas
Fig 3 - CARTE GÉOLOGIQUE DE LA RÉGION D'HAMMAM-R'IRHA
Echelle au 1/200.000
CÉNOMANIEN
Bou-Yamene
SÉNONIEN
Moulin de Parès
Od Sidi Aissa
Ferme Gauthier
Kef-el-Rouis
Bezzelia
K'el-Kram
CEN
GAULT
Bou-Hallou
Choulla
Gault
Oued el Kebir
Adouia
SÉNONIEN
DANIEN
Dj.
Tachta
Sidi-Bou-Ferg
Forêt d'Hangouf
Echelle au 1/100.000
Fig 4 - CARTE GÉOLOGIQUE DU BASSIN CARTENNIEN
DES BENI-BOU-MILEUK
Nord
Mer
N.
PLATEAU TERTIAIRE
Mer
PLATEAUX TERTIAIRES
Fig 2
Dj. Bissa
1150
MASSIF CRÉTACÉ
de TÉNÈS
Od Amelil
MASSIF CRÉTACÉ
550
Dj.Taklout
1041
PLATEAUX TERTIAIRES
PLATEAUX TERTIAIRES
Beni-Rached
Fig. 1
Plaine
du Chélif
Plaine
du Chélif
Légende
Marnes
Calcaires
Marnes grèseuses
Grès
Poudingues
CARTENNIEN
Grès supérieurs
Marnes
Grès inférieurs
Calcaires
Marnes infér.
HELVÉTIEN

COUPES GÉOLOGIQUES DE LA RÉGION MIOCÈNE D'HAMMAM-RIRHA



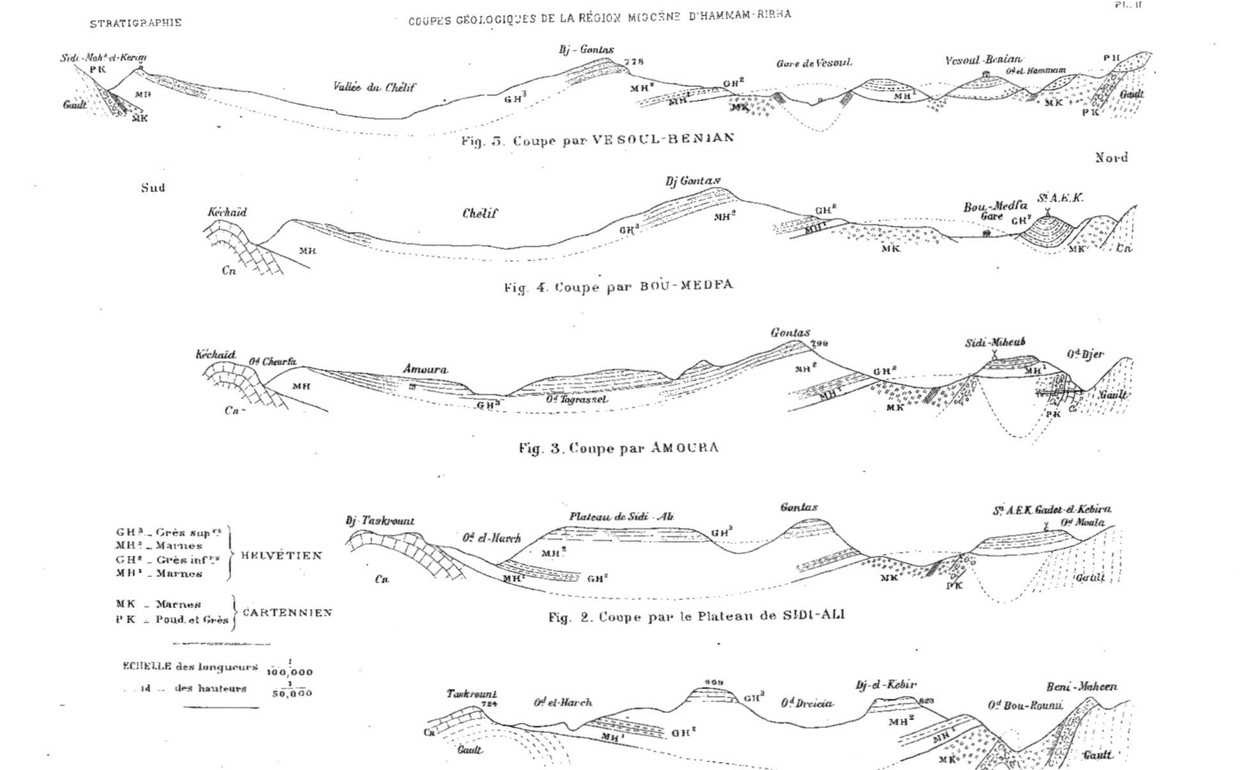

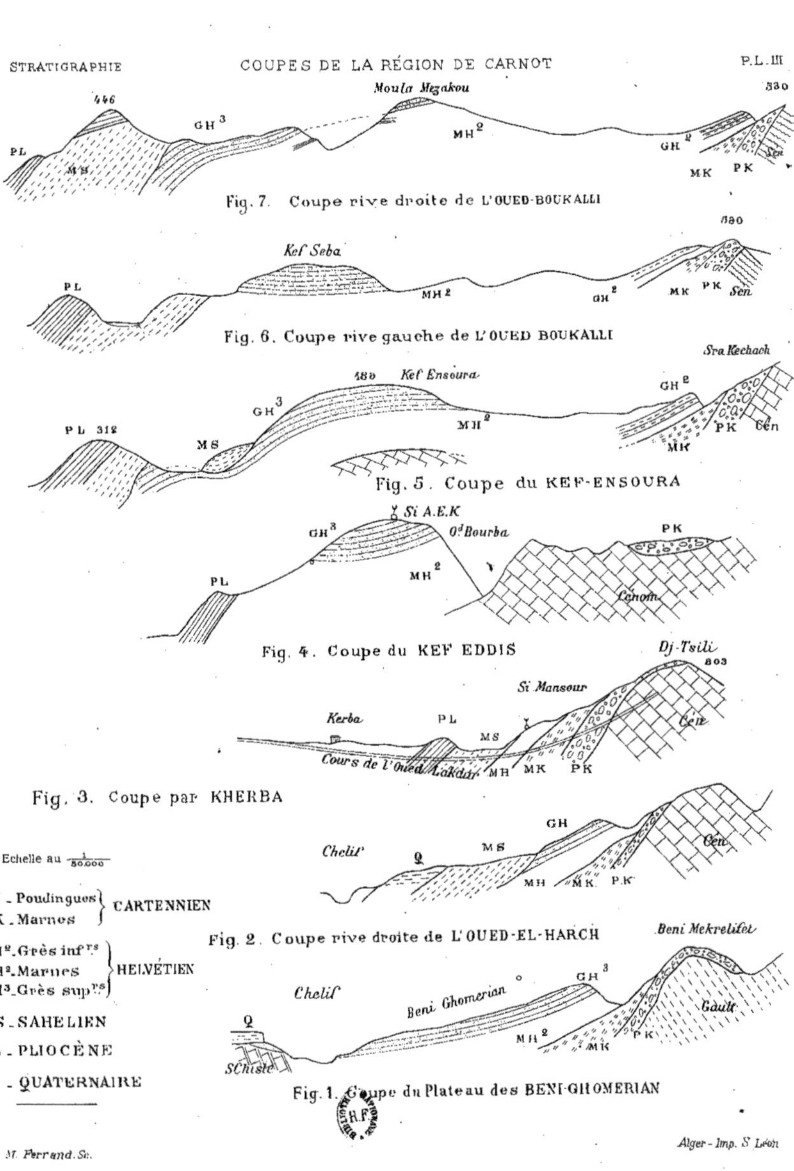

STRATIGRAPHIE
COUPES DE LA RÉGION DE CARNOT
P.L. III
446
Moula Mezakou
330
GH3
MH2
PL
GH2
MS
MK PK
Sen
Fig. 7. Coupe rive droite de L'OUED-BOUKALLI
Kef Seba
330
PL
MH2
GH2
MK PK Sen
Fig. 6. Coupe rive gauche de L'OUED BOUKALLI
Sra Kechach
485 Kef Ensoura
GH2
GH3
MH2
PL 312
MS
PK Cen
MK
Fig. 5. Coupe du KEF-ENSOURA
Si A.E.K
PK
GH3
Od Bourba
PL
MH2
Cénom
Fig. 4. Coupe du KEF EDDIS
Dj-Tsili
803
Si Mansour
Cen
Kerba
PL
MS
Cours de l'Oued Alakdar
MH MK PK
Fig. 3. Coupe par KHERBA
Echelle au 1/50.000
GH
MS
Cen
Chelif
Q
MH MK PK
PK - Poudingues ) CARTENNIEN
MK - Marnes
GH2. Grès infrs )
MH2. Marnes } HELVÉTIEN
GH3. Grès suprs )
Fig. 2. Coupe rive droite de L'OUED-EL-HARCH
Beni Mekrelifet
MS - SAHELIEN
Chelif
GH3
Gault
Beni Ghomerian
PL - PLIOCÈNE
Q
MH2
Q - QUATERNAIRE
Schiste
PK MK
Fig. 1. Coupe du Plateau des BENI-GHOMERIAN
M. Ferrand. Sc.
Alger - Imp. S Léon

Fig. 11. Coupe de OUILLIS à AIN-TÉDÉLÈS

Fig. 12. Coupe de BELLEVUE au SETFOORA

Fig. 10. Coupe passant par le Mt SETFOORA

Fig. 9. Coupe par le Mt SIDI-SLIMAN

Fig. 8. Coupe par le Mt SIDI-SAÏD

Fig. 7. Coupe passant par le PLATEAU DE RENAULT

Fig. 6. Coupe par MAZOUNA et le KEF-CHAKOUR

Fig. 5. Coupe par RABELAIS

Fig. 4. Coupe le long de L'OUED-RAS

Fig. 3. Coupe par le PLATEAU DE TADJENA

Fig. 2. Coupe par les TROIS PALMIERS

Fig. 1. Coupe par ORLÉANSVILLE

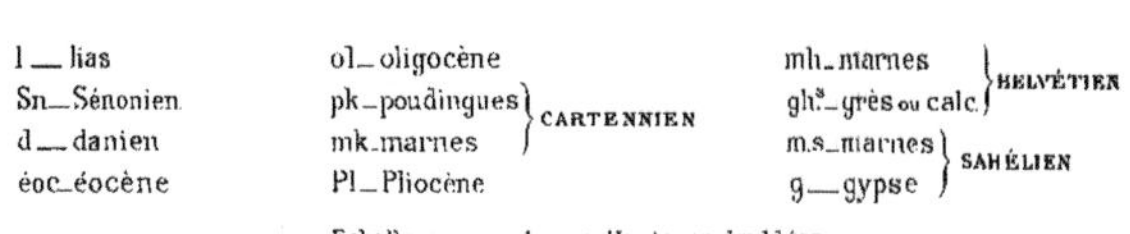